奇迹数学世界
QIJISHUXUESHIJIE

# 奇妙的数学问答

QIMIAODE
SHUXUEWENDA

周 阳◎主编

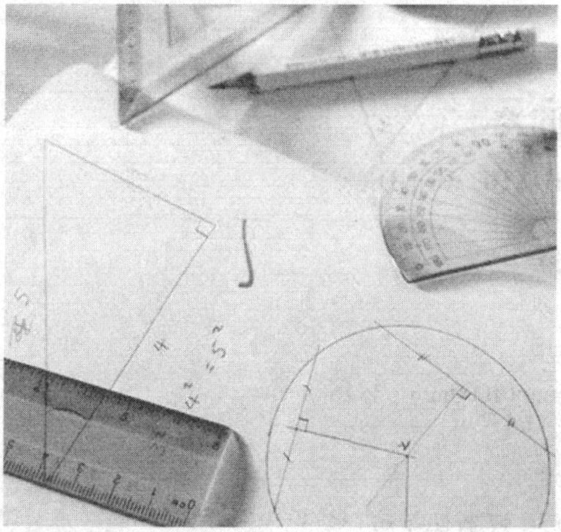

北方妇女儿童出版社

吉林出版集团有限责任公司

图书在版编目（CIP）数据

奇妙的数学问答／周阳主编 . — 长春：
北方妇女儿童出版社，2012.11（2021.3 重印）
（奇迹数学世界）
ISBN 978 – 7 – 5385 – 6887 – 5

Ⅰ . ①奇… Ⅱ . ①周… Ⅲ . ①数学 – 青年读物②数学
– 少年读物 Ⅳ . ①O1 – 49

中国版本图书馆 CIP 数据核字（2012）第 228695 号

## 奇妙的数学问答

QIMIAO DE SHUXUE WENDA

| | | |
|---|---|---|
| 出 版 人 | 李文学 | |
| 责任编辑 | 赵　凯 | |
| 装帧设计 | 王　璿 | |
| 开　　本 | 720mm×1000mm　1/16 | |
| 印　　张 | 12 | |
| 字　　数 | 140 千字 | |
| 版　　次 | 2012 年 11 月第 1 版 | |
| 印　　次 | 2021 年 3 月第 3 次印刷 | |
| 印　　刷 | 汇昌印刷（天津）有限公司 | |
| 出　　版 | 北方妇女儿童出版社 | |
| 发　　行 | 北方妇女儿童出版社 | |
| 地　　址 | 长春市福祉大路 5788 号 | |
| 电　　话 | 总编办：0431–81629600 | |
| 定　　价 | 23.80 元 | |

# 前 言

　　古希腊著名的思想家、哲学家、教育家苏格拉底曾说过："我平生只知道一件事，我为什么是那么无知。"他无非是想告诉人们知道的东西多了才明白世界之大，人是多么的渺小，可悲的是天地万物我们不可能一一去了解，才感觉知识的无限。所以，他又说："知道的越多，才知知道的越少。"数学好似这个世界里到处漫游的一个精灵，它能帮助你从另一种角度去认识和感知身边的世界和生活。如果你愿意抛去对数学的偏见，把掌握数学的思想和方法作为增长见识和提高感悟能力的话，就会发现数学是一个多么神奇而美妙的世界。数学不仅仅是枯燥的各种数字和难以理解的各种图形，它就是我们的影子，与生活如影随行、无处不在、无时不有。

　　既然数学与我们的生活如此密切，那么作为新世纪的生力军，所有中学生都有责任去继承数学先驱们留下的宝贵的思想和方法，不但要刻苦钻研、深刻领悟，而且要用自己的智慧去开辟更为广阔的数学天地。本书将带你到奇妙的数学世界里遨游一番，领略那些被尘封已久的数学宝藏，采撷那些精妙的数学思想，探索更深远的数学领域，在数学的世界里挖掘宝物、收获思想。本书共分九章：第一章数学的渊源，第二章数学的宝藏，第三章数的奥秘，第四章数学的工具和符号，第五章你不知道的数字，第六章千"形"万状，第七章数学多棱镜，第八章是非难辨的悖论，第九章经典的数学名题。

# 目 录

## 数学的渊源

## 数学的宝藏

## 数的奥秘

## 是非难辨的悖论

## 经典的数学名题

# 数学的渊源

　　数学的渊源可以追溯到人类社会发端之时，它是作为人类的一种特殊的思维工具在社会中"隐藏"地存在着。数学也是一门完全融于生活的科学，生活是数学的摇篮，永远都是数学的出发点和归宿。生活的各个方面都离不开数学，古人很早就开始了对数学的各种探索，并取得了辉煌的成果，他们为后人构筑了一个奇妙的数学王国。

## 为什么会产生数学

　　数学就像空气一样，无时不有，无处不在。谁都离不开它，但谁都不能直接看清它的面貌、它的影子。

　　我们观看精彩的体育比赛，比分牌记录着赛场风云的是数字，显示球员们位置的是他们背上的数字；考试卷上标明成绩的也是数字；我们乘车旅行，对号入座靠的是数字；市场里的商品、股市上的股票，更是离不开数字；每个人的年龄、身高、体重等等都离不开数字。总之，我们每天都要与数字打交道。我们看到的日月星辰，高山大河，花草树木，鱼虫鸟兽；从庄严的天安门和雄伟的长城，一直到小小的文具盒、铅笔、橡皮等等，世界上的一切事物都有各不相同的形状。所以，科学家们发现，数量和形状是事物最基本的性质。

　　恩格斯在谈到数学的时候，曾经指出："纯数学的对象是现实世界的空间形式和数量关系。"所以，什么是数学呢？可以说，数学是一门研究客观物质世界的数量关系和空间形式的科学。当然，数学所研究的数量和形状，它们的含义要比日常生活中所讲的要深广得多，它既是一门科学，也是人类活动的重要工具。

数学最初是从结绳记事开始的。从大约三百万年前的原始时代起，人们通过劳动逐渐产生了数量的概念。他们学会了在捕获一头野兽后用一块石子、一根木条来代表，或用绳打结的方法来记事、记数。这在原始人眼里，一个绳结就代表一头野兽，两个结代表两头，或者一个大结代表一头大兽，一个小结代

**结绳记事**

表一头小兽。数量的观念就是在这些过程中逐渐发展起来的。

在距今约五六千年前，非洲的尼罗河流域的文明古国埃及较早地学会了农业生产。他们通过天文观测进行农业生产以获得好收成，其中就有一些数学知识的应用；另一方面，古埃及的农业制度是把同样大小的正方形土地分配给每一个人。这种对土地的测量产生了几何学。数学正是从打结记数和土地测量开始的。

与埃及同时，亚洲西部的巴比伦、南部的印度和东部的中国等几个同样伟大的文明社会也产生了各自的记数法和最初的数学知识。在距今约两千年前的希腊人，继承了这些数学知识，并将数学发展成为一门系统的理论科学。古希腊文明毁灭后，阿拉伯人继承了他们的文化，使数学重新发展起来，并最终创立了近代数学。

## 知识点

### 结绳记事

结绳记事是文字发明前，人们所使用的一种记事方法，即在一条绳子上打结，用以记事。上古时期的中国及秘鲁印地安人皆有此习惯，即到近代，一些没有文字的民族，仍然采用结绳记事来传播信息。

▶▶▶ **延伸阅读**

### 十进制和二进制的故乡

中国数学在人类文化发展的初期，远远领先于巴比伦和埃及。中国早在五六千年前，就有了数字符号。到三千多年前的商朝，刻在甲骨或陶器上的数字已十分常见。1899 年从河南安阳发掘出来的龟甲和兽骨上所刻的象形文字（甲骨文）中载有许多数字记录，比如：八日辛亥允戈伐二千六百五十六人。这说明当时已采用十进制的记数方法，而且有从一到百、千等十三个记数单位。当时在运算过程中用的算筹，算筹纵横布置，就可以表示任何一个自然数。据考证，至少在公元前 8 世纪到前 5 世纪，我国的算筹已经完备，而印度是在公元 876 年才正式使用 "0" 这一符号，所以我国是名副其实的十进制的故乡。

中国的二进制源于八卦，记载于《易经》一书中。计算机的创始人莱布尼兹通过对《易经》的研究，认为《易经》图形表示从零开始到前 64 个数，所记录的就是二进制。这就是我国常说的太极生两仪，两仪生四象，四象生八卦……

## 谁构筑了数学王国

### 巴比伦人

19 世纪前期，人们在亚洲西部伊拉克境内发现了 50 万块泥版，上面密密麻麻地刻有奇怪的符号，这些符号是古巴比伦人的 "楔形文字"。科学家们经过研究，发现泥版上记载了大量的数学知识。

古巴比伦人用 "▼" 表示 1，用 "<" 表示 10，从 1 到 9 是把 "▼" 写相应的次数，从 10 到 50 是把 "<" 和 "▼" 结合起来写相应的次数。他们还根据人有 10 根指头，一年月亮有 12 次圆缺，从而产生了十进制和六十进制的想法，如现在的 1 小时＝60 分钟，1 分钟＝60 秒就是源于古巴

巴比伦人的泥版

比伦人的六十进制。从那些泥版上，人们还发现巴比伦人掌握了许多计算方法，并且编成了各种表帮助计算，如乘法表、倒数表、平方和立方表、平方根和立方根表。他们还运用了代数的概念。

巴比伦人也具备了初步的几何知识。他们会把不规则形状的田地分割为长方形、三角形和梯形来计算面积，也能计算简单的体积。他们非常熟悉圆周方法，求分圆周与直径的比 π＝3，还使用了勾股定理。他们的成就对后来数学的发展产生了巨大的影响。

## 埃及的金字塔和纸草书

闻名世界的金字塔不仅以宏伟的气势吸引了无数旅游观光者，更以建造的精巧吸引了世界各地的科学家。据对最大的胡夫金字塔测量，发现它高 146.5 米（现因损坏高 137 米），基底正方形边长为 233 米（现为 227 米），但是各底边误差仅为 1.6 厘米，只是全长的 1/14600；基底直角误差为 $12''$，仅为直角的 1/27000。此外，金字塔的四个面正向着东南西北四个方向。这么高大的金字塔，埃及人怎么能建造得如此精确？古埃及人一定掌握非常丰富的几何知识。

原来，在尼罗河三角洲盛产一种纸莎草，古埃及人

埃及胡夫金字塔

把这种草从纵面割成小条，拼排整齐，连接成片，压榨晒干，在上面写字，叫纸草书。1822 年，一位名叫高博良的法国人弄清了一部分整理出来的纸

草书的含义。

由此人们得知，古埃及人早已学会用数学来管理国家，确定谷仓容积和田地的面积，计算造房屋和防御工程所需的砖数，计算付给劳役者的报酬等等。

换成数学语言就是，古埃及人已掌握了加减乘除及分数的运算。他们还解决了一元一次方程和一类相当于二元二次方程的特殊问题，纸草书上还有关于等差、等比数列的问题。他们计算矩形、三角形和梯形面积、长方体、圆柱体的体积等与现代计算值非常相近。由于具有了这样的数学知识，古埃及人建成金字塔就不足为奇了。

## 古代中国的"九九歌"

我国古代对于整数的四则运算和应用的认识，已经是很早的事了。我们都知道"九九歌"是个正整数的乘法歌诀；在古时候，这个歌诀是从"九九八十一"开始，而不是从"一一得一"开始的，所以叫做"九九歌"。"九九"在古书《荀子》、《管子》中有记载，在出土文物的汉竹简上也有记录。

相传春秋时期的齐桓公，专设一个招贤馆征求各方人才，等了很久没有人应召；一年以后来了一个人，把"九九歌"当作见面礼献给齐桓公。齐桓公笑道："'九九歌'能当见面礼吗？"这人答道："'九九歌'确实不够资格拿来作为见面礼，但是您对我这个仅懂得'九九'的人都能重视的话，还愁比我高明的人不接连来吗？"齐桓公认为很对，就批示把他请进招贤馆招待，果然不出一个月，许多有才能的人都从四面八方前来应召了。这个故事告诉我们，在春秋时期，"九九歌"已经被人们广泛掌握了。

## 古印度数学

古印度人对古代数学的贡献，犹如印度佛掌上的明珠那样耀眼夺目。在公元前 3 世纪，印度出现了数的记号。在公元 200 年到 1200 年之间，古印度人就知道了数字符号和 0 符号的应用，这些符号在某些情况下与现在的数字很相似。此后，印度数学引进十进制的数学和确立数字的位值制，大大简化了数的运算，并使记数法更加明确。如古巴比伦的小记号▼既可以表示 1，也可以表示 1/60，而在印度人那里符号 1 只能表示 1 个单位，

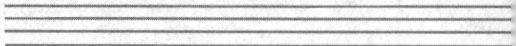

若表示十、百等，须在 1 的后面写上相应个数的 0，现代人就是这样记数的。印度人很早就会用负数表示欠债和反方向运动。他们还接受了无理数概念，并把适用于有理数的运算步骤用到无理数中去。他们还解出了一次方程和二次方程。

印度数学在几何方面没有取得多大进展，但对三角学贡献很多，如在他们的计算中已经用了三种量——一种相当于现在的正弦，一种相当于余弦，另一种是正矢，等于 $1-\cos\alpha$ 现在已不采用。他们已经知道三角量的某些关系式，如 $\sin2\alpha+\cos2\alpha=1$，$\cos(90°-\alpha)=\sin\alpha$ 等，还利用半角表达式计算某些特殊角的三角值。

## 古希腊数学

古希腊人从阿拉伯人那里学到了许多数学经验，并对其进行了精细的思考和严密的推理，才逐渐产生了现代意义上的数学科学。第一个对数学诞生作出巨大贡献的是泰勒斯，他曾利用太阳影子计算了金字塔的高度，实际上是利用了相似三角形的性质，这在当时是非常了不起的。

在泰勒斯之后，以毕达哥拉斯为首的一批学者对数学作出了贡献。他们最出色的成就是发现了"勾股定理"，在西方称为"毕达哥拉斯"定理。正是因为这一定理，才导致了无理数的发现，引起了第一次数学危机。欧几里德又吸收了前人的精华，写成了《几何原本》这本数学著作，今天人们所学的平面几何知识，都源于这本书。继欧几里德之后，阿基米德开创了希腊数学的新时期，被后人称为"数学之神"。在阿基米德之后，在天文学的促进下，希帕恰、托勒密等人又创立了三角学；尼可马修斯写出了第一本数论典籍——《算术入门》；丢番图则系统研究了各种方程。

正是他们的努力，初等数学建立起来了，这意味着由古巴比伦和古埃及人孕育的数学"婴儿"终于在古希腊的摇篮中诞生了。

## 阿拉伯数学

阿拉伯人对古代数学的贡献，是现在人们最熟悉的 1、2、3…9、0 这十个数字，称为阿拉伯数字。但是，阿拉伯也吸收、保存了希腊、印度的数字，并将它们传到欧洲，架起了一座"数学之桥"。进位记法，也采用印度的无理数运算，但放弃了负数的运算。代数这门学科的名称就是由阿拉

伯人发明的。阿拉伯人还解出一些一次、二次方程，甚至三次方程，并且用几何图形来解释它们的解法。阿拉伯数学作为"数学之桥"，还在于翻译并著述了大量数学文献，这些著作传到欧洲后，数学从此进入了新的发展阶段。

## 知识点

### 金字塔

在建筑学上，金字塔指角锥体建筑物。著名的有埃及金字塔，还有玛雅金字塔、阿兹特克金字塔（太阳金字塔、月亮金字塔）等。相关古文明的先民们把金字塔视为重要的纪念性建筑，如陵墓、祭祀地，甚至是寺庙。

## 延伸阅读

### 阿拉伯数学的贡献

阿拉伯人还获得了较精确的圆周率，得到 $2\pi = 6.283185307195865$，已计算到小数点后的 15 位。此外，他们在三角形上引进了正切和余切，给出了平面三角形的正弦定律的证明。平面三角和球面三角的比较完善的理论也是他们提出的。

# 数学的宝藏

走进数学王国，慢慢地打开大门，里面藏着很多奇珍异宝。若想探得这些珍宝，还真需要你擦亮双眼，用你睿智的头脑揭开宝藏里的很多秘密和隐藏的各种玄机，你知道几何学的两大瑰宝吗？你弄清楚费尔马大定理留下的疑团了吗？"哥德巴赫猜想"到底是什么？中国古代数学的贡献你知道吗？

## 几何学的两大瑰宝是什么

### 为人倾倒的勾股定理

著名数学家、天文学家开普勒曾把毕达哥拉斯定理和黄金分割喻为几何的两大宝藏。毕达哥拉斯定理即为勾股定理，它是由古希腊数学家、哲学家毕达哥拉斯最早发现和证明的。

勾股定理的发现还有一个动人的故事。有一天，毕达哥拉斯到朋友家做客，朋友家的地面是用许多黑白相间的全等的等腰直角三角形砖铺砌而成的。这个美妙的图形深深吸引了他，他聚精会神地看着地面。忽然，他发现直角三角形的两边长的平方和恰好等于斜边的平方。这个惊人的发现使他欣喜若狂，他认为这是神的赐予，于是他杀了 100 头牛作为报答，因此又有人把勾股定理称为"百牛定理"。

勾股定理像一颗璀璨的明珠，使不少人为之倾倒。现有的证法至少有370 种，使它成为世界上证法最多的定理。

勾股定理在我国数学史上也有光辉的一页。夏禹治水时就已经用到勾股术，开创了世界上最早使用勾股定理的先河。我国最早的数学著作《骨髀算经》中记载了"勾三、股四、弦五"的问题。

## 无穷魅力的黄金分割

几何学的另一瑰宝就是"黄金分割"，它的最早的发现者当数古希腊著名的数学家攸多克萨斯。他在研究比例时，发现了一个有趣的线段中外比性质，即把已知线段分成两部分，使其中的一部分是全部线段与另一部分的比例中项。关于线段中外比问题，攸多克萨斯得到如下结果：如果线段 $AB$ 上有一点 $P$，把线分成两部分 $AP$，$BP$，且 $PB:AP=AP:AB$，则① $P$ 为线段 $AB$ 的中外比点，$AP$ 的长为中外比数；②设 $AB=1$，则中外比数 $AB=5-1/2=0.618\cdots$

自从攸多克萨斯发现中外比后，它的内在价值不断被人们在实践中发掘。中外比的最大神力表现在它的美学价值上。人们通过测量发现维纳斯雕像的下身与上身的比近乎为 0.618。可见，当年雕塑家就已知道了黄金分割的应用。

到了中世纪，中外比更被人们所敬仰，并且披上了神秘的外衣。帕乔利称之为"神圣比例"；天文学家开普勒称之为"神圣分割"；画家达·芬奇称之为"黄金分割"。

在数学中，还有一种黄金矩形（宽长比为黄金数），它是各种矩形中看起来最顺眼，也是最具美感的一种。国旗就是这种矩形。黄金矩形还有一种奇特而美妙的性质：可以分成一个正方形和另外一个小黄金矩形。

**知识点**

### 比例中项

如果 $a$、$b$、$c$ 三个量成连比例，即 $a:b=b:c$，$b$ 叫做 $a$ 和 $c$ 的比例中项，比例中项又称"等比中项"或"几何中项"。

奇妙的数学问答

## 《几何原本》

欧几里得一生最大的功绩就是完成了《原本》这一数学史上的巨著，《几何原本》是数学史上的一个伟大的里程碑。除《圣经》之外，没有任何一本著作，其使用、研究与印行之广泛能与《原本》相比。2000 多年来，它一直支配着几何的教学，因此，有人称《原本》为数学的"圣经"。

《原本》全书共 13 卷。第 1 卷，给出了欧几里得几何学的基本概念、定义、定理、公理、公设等；第 2 卷，面积和变换；第 3 卷，圆及其有关图形；第 4 卷，多边形及圆与正多边形的作图；第 5、6 卷，比例与相似形；第 7 卷，数论；第 8 卷，连比例；第 9 卷，数论；第 10 卷，不可通约量的理论；第 11 卷，立体几何；第 12 卷，利用"穷竭法"证明圆成积的比等于半径平方的比，球体积的比等于半径立方的比，等等；第 13 卷，正多面体。

《原本》于明朝传入中国。当时意大利的传教士利玛窦与中国的徐光启合译了《原本》的前 6 卷，于 1607 年出版，定名为《几何原本》。《原本》的最后译完应归于清代的中国数学家李善兰与英国的伟烈亚力，他们合译了《原本》的后 7 卷。《几何原本》在中国出版后，很快就传播开来。

## 费尔马大定理留下的疑团是什么

要知道费尔马大定理，得先说说勾股定理。早在纪元前 1120 年，我国古代数学家商高就得到了"勾三股四弦五"的结果。我国古书《周髀算经》一开头便提到了"勾广三，股多四，经隅五"。赵爽在该书的注解中还说，"禹治洪水，决流江河，望山川之形，定高下之势，除滔天之灾，释昏垫（百姓）之厄，使东注于海而无浸逆（溺），乃勾股之所由生也"。这本书后半部分讲解《益天》中说，可以看到"勾股定理"的一般形式是"勾、股各自乘，并而开方除之，得（弦）"，即

$$c = \sqrt{a^2 + b^2}$$

这个定理当今被广泛地应用着，不仅初等数学，就是高等数学中的一些计算题和推理论证一些定理时，也经常要用到，它在工农业生产实践中的应用就更广泛了。勾股定理的发现是我国古代数学方面的辉煌成就之一。

传说古希腊的数学家毕达哥拉斯公元前6世纪时，才证明了这个定理，当时还杀了100头牛表示庆贺，此后外国都把这个定理叫做毕达哥拉斯定理。当然，这是不对的。毕达哥拉斯获得这个定理的证明，比商高至少也要迟五百多年，所以，这个定理在我国称之为商高定理，或称勾股定理。现在我们把它叙述如下：

勾股定理：在任意一个直角三角形中，若以 $x$、$y$ 表示二直角边，$z$ 表示斜边，则有

$$x^2 + y^2 = z^2 \tag{1}$$

从代数的观点来看，(1) 式是一个不定方程，而 $x=3$，$y=4$，$z=5$ 是方程 (1) 的一组整数解。

古希腊亚历山大里亚城的数学家丢番都 (210—290 年) 在他的一本《算术学》的著作中，研究了这样一个问题：从"两个整数的平方和，等于另一个整数的平方"这一点来说，具有这种性质的整数是否只有3和4？答案是否定的。他证明了具有这种性质的整数有无穷多组，并且给出了求这些整数的一般法则：找两个整数 $a$ 和 $b$，使 $2ab$ 为完全平方。

这时 (1) 式中 $x = a + \sqrt{2ab}$，$y = b + \sqrt{2ab}$，$z = a + b + \sqrt{2ab}$

利用这种方法，我们可以求得一些整数组满足 (1) 式，如 $3^2 + 4^2 = 5^2$，$5^2 + 12^2 = 13^2$，$6^2 + 8^2 = 10^2$，$8^2 + 15^2 = 17^2$，$9^2 + 12^2 = 15^2$，$9^2 + 40^2 = 41^2$ 等。

人们也把满足不定方程 $x^2 + y^2 = z^2$ 的所有正整数解 $x$、$y$、$z$ 叫做毕达哥拉斯数，并且发现了毕达哥拉斯数的基本性质和求毕氏数组的公式。

**性质1**：设 $a_1$、$b_1$、$c_1$ 是一组毕达哥拉斯数，则 $ka_1$、$kb_1$、$kc_1$（$k$ 是任意正整数）也是毕氏数组。

事实上，由 $a_1^2 + b_1^2 = c_1^2$ 可得

$$(ka_1)^2 + (kb_1)^2 = (kc_1)^2$$

这个性质告诉我们，只要知道一组毕氏数便可得到无穷多组毕氏数，

但不能由此得到全部毕氏数组。

**性质 2**：若毕氏数 $a$、$b$、$c$ 中任意两个数都是互质的，则称为互质的毕氏数组。在毕氏数组 $a$、$b$、$c$ 中，若有两个数互质，则 $a$、$b$、$c$ 必为互质的毕氏数组。

证明：用反证法易证。设毕氏数组 $a$、$b$、$c$ 中 $a$ 与 $b$ 互质，而 $a$、$c$ 不互质，则有 $a=ka_1$，$c=kc_1$，其中 $k$ 为 $a$、$c$ 之最大公约数，且 $k \neq 1$，代入 $a^2+b^2=c^2$，可得

$$(ka_1)^2+b^2=(kc_1)^2$$

$$\therefore b^2=k^2 c_1{}^2 - k^2 a_1{}^2 = k^2 (c_1{}^2 - a_1{}^2)$$

$b$ 含有因数 $K$，即 $a$、$b$ 不是互质的，与假设矛盾，所以，$a$、$c$ 必互质。同理可证 $b$、$c$ 亦互质，即 $a$、$b$、$c$ 为互质的毕氏数组。

**性质 3**：互质毕氏数组中的 $a$、$b$、$c$ 不可能同时为偶数或奇数。

$a$、$b$、$c$ 不能同时为偶数是显而易见的。若 $a$、$b$、$c$ 同时为奇数，即设 $a=2k+1$，$a=2n+1$，（$k$、$n$ 都是正整数）代入 $a^2+b^2=c^2$ 得

$$(2k+1)^2+(2n+1)^2=c^2$$

$$\therefore c^2=4(k^2+n^2+k+n)+2 \qquad (※)$$

由此可知 $c^2$ 为偶数，则 $c$ 必为偶数，故 $c^2$ 必可被 4 整除，但从（※）等式知 $c^2$ 被 4 除余 2，是矛盾的，故 $a$、$b$、$c$ 不能同时为奇数。

除了得到上述三个性质外，还可推出求毕氏数组的公式。由性质 3 知毕氏数组 $a$、$b$、$c$ 不可能同时为偶数或奇数。所以，不妨设 $a$ 为奇数，$b$ 为偶数，则 $c$ 必为奇数。方程 $a^2+b^2=c^2$ 可变为

$$a^2-c^2-b^2=(c+b)(c-b)$$

令 $c+b=p$，$c-b=q$，则 $c=\dfrac{p+q}{2}$，$b=\dfrac{p-q}{2}$，

$a^2=pq$ （$p>q$）

$\because a$ 为奇数，$a^2=pq$

$\therefore p$、$q$ 必为奇数

现在，再证 $p$、$q$ 必为互质数。假设 $p$、$q$ 不互质，其最大公约数设为 $k$，$k \neq 1$，则

$p=kp_1$，$q=kq_1$，

$$c = \frac{p+q}{2} = \frac{p_1+q_1}{2}k,$$

$$b = \frac{p-q}{2} = \frac{p_1-q_1}{2}k,$$

故 $c$、$b$ 不互质，但这是不可能的，所以 $p$、$q$ 必互质。设 $p = u^2$，$q = v^2$，其中 $u$、$v$ 互质，且 $u > v$，故有

$$a = uv, \quad b = \frac{u^2 - v^2}{2}, \quad c = \frac{u^2 + v^2}{2}$$

这就是求毕氏数组的公式，利用这个公式可以求得一些互质的毕氏数组：

| $u$ | $v$ | $a$ | $b$ | $c$ |
|-----|-----|-----|-----|-----|
| 3 | 1 | 3 | 4 | 5 |
| 5 | 1 | 5 | 12 | 13 |
| 5 | 3 | 15 | 8 | 17 |
| 7 | 1 | 7 | 24 | 25 |
| 7 | 3 | 21 | 20 | 29 |
| 7 | 5 | 35 | 12 | 37 |
| 9 | 1 | 9 | 40 | 41 |
| 9 | 5 | 45 | 28 | 53 |
| 9 | 7 | 63 | 16 | 65 |

后来，在 17 世纪初期，人们又开始寻找不定方程 $x^3 + y^3 = z^3$ （2）和 $x^4 + y^4 = z^4$ （3）的整数解，但是做了许多尝试都未能成功。这时数学家费尔马在巴黎买了一本丢番都的《算术学》的法译本，他读这本书时，在书上空白处写了一段话：" $x^2 + y^2 = z^2$ 有无穷多组整数解，而形如 $x^n + y^n = z^n$ （4）的方程，当 $n$ 大于 2 时，永远没有整数解"。

费尔马有这样一种习惯：自己的读书心得，以及发现的定理或证明，就随便地写在书页的边上。关于方程（4）无整数解的结论，也是在他死后，他的儿子在《算术学》这本书上发现的，而且还发现费尔马这样写道："任何整数的立方，不能分成两个整数的立方和；任何整数的四次方不能分成两个整数的四次方之和；或者一般地，任意整数的 $n$ 次方，除平方外，都不能分成二个整数的 $n$ 次方之和。我想出了一个绝妙的证明方法，但是，这页边太窄，不容我把证明写出来"。从这段话可以看出，费尔马对于方程（2）、（3）、（4）无整数解，得到了数学的证明，遗憾的是他没有把证明写出来便去世了。

法国著名数学家费尔马

这个结论，从经验上来看似乎是不难证明的。可是，当费尔马的儿子将此结论发表之后，世界上各国最著名的数学家们都想尝试重新给出它的证明方法。出乎人们的意料之外，时至今日都没有成功，它在数学史上成了一个非常著名的难题。后来，人们都称这个定理为"费尔马大定理"。

在科学研究上的失败，从来就不会是徒劳的。正是由于许多数学家前仆后继，不畏劳苦地寻求这个结论的证明，从而大大地推动了数学的发展。正是由于不少人开展了这些研究工作，而在"数论"方面得出新的理论和种种新的数学方法。

由于费尔马未能将该定理的证明写出来，可苦了后继人。即使是善于计算，并且攻克了不少极端困难的欧拉和阿贝尔，也只不过证明了方程（4）的特例，即方程（2）和（3）无整数解。19世纪德国著名数学家狄里克莱（1805—1859年）证明了 $x^5 + y^5 = z^5$ 无整数解，后来又有人证明了对于 $n \leqslant 3000$ 的某些数，该定理的正确性。但是，对于 $n$ 的一切值，既没有证明结论是正确的，也没有找到反例来否定这个定理。

1914年第一次世界大战前夕，德国科学院曾悬赏1万马克，征求这个难题的解答。之后，每年都收到大量不正确的解答，有时也收到著名数学家的错误证明的稿件。法国科学院也发表声明，对于证出这个难题的人要授予一笔可观的奖金。结果，依然还是大失所望。

长期以来，费尔马给人们的疑团，没能得到解决，迫使人们越来越认为：或者费尔马根本就没有进行证明；或者他在证明过程中，有什么地方搞错了，这个定理也可能是错误的。但是，要想否定这个一般结论，只要

找到一个反例就行，即证实确有两个整数的某一次幂（大于二次幂）的和等于另一个整数的同一次幂就行。不过，这个幂次一定要在大于等于100000的数目中去找（因为现在已经证明了 $2 < n < 100000$ 的一切数，费尔马大定理是正确的）。这样，要想从否定方面解决这个问题，难度也是非常大的。

## 知识点

### 高等数学

高等数学比初等数学"高等"的数学。广义地说，初等数学之外的数学都是高等数学，也有将中学较深入的代数、几何以及简单的集合论逻辑称为中等数学，作为小学初中的初等数学与本科阶段的高等数学的过渡。通常认为，高等数学是将简单的微积分学，概率论与数理统计，以及深入的代数学、几何学，以及他们之间交叉所形成的一门基础学科，主要包括微积分学，其他方面各类课本略有差异。

### 延伸阅读

### 费尔马大定理

费尔马对于这个定理的"奇妙证明"，始终没有被找到，但这个定理吸引了许许多多的数学家。据说，1993 年已宣称这个定理被证明出来。在证明费尔马定理的过程中产生了许多数学成果，拓宽了数学的领域，促进了数学的发展。因此，德国的数学家希尔伯特说："这是一只下金蛋的母鸡"。

## "哥德巴赫猜想"到底是什么

抗日战争刚结束后不久，福州市的一所中学"英华书院"来了一位知识渊博、诲人不倦的数学教师，在数学课上他给学生们讲了许多有趣的数学故事。有一次，他给学生们讲到了"哥德巴赫猜想"的难题，并且说："自然科学的皇后是数学，数学的皇冠是数论，'哥德巴赫猜想'则是皇冠上的明珠。"这些话深深地打动了学生陈景润的心，鼓舞他立志要去摘取这颗明珠。有志者，事竟成。经过二十多年的奋战，陈景润已经离拿下这颗明珠只差一步了。那么，这颗明珠到底是什么呢？

两百多年前德国数学家，彼得堡科学院院士哥德巴赫（1690—1764年），曾以大量的整数做试验，结果他发现：任何一个整数，总可以分解为不超过三个素数的和。但是，他不能给出严格的数学证明，甚至连证明该问题的思路也找不到。因此，1742 年 6 月 7 日，他把这个猜想写信告诉了与他有 15 年交情，当时在数学界已享有盛誉的朋友欧拉。在信中他说："我想冒险发表下列假定：大于 5 的任何整数，是三个素数之和。"欧拉经过分析和研究，在回信中说："我认为每一个大于或等于 6 的偶数都可以表示为两个奇素数之和"。欧拉又进一步将这个猜想归纳为以下两点：

（1）任何大于等于 6 的偶数都可以表示为两个奇素数之和。

（2）每个不小于 9 的奇数都可以表示为三个奇素数之和。

我们可以利用一些具体的数字进行验算，明显地看到欧拉上述两个猜想的正确性，如

$$6=3+3 \qquad 18=11+7$$
$$8=3+5 \qquad 20=13+7$$
$$10=5+5 \qquad \cdots$$
$$12=5+7 \qquad 48=29+19$$
$$14=7+7 \qquad \cdots$$
$$16=13+3 \qquad 100=97+3$$

以及

$$9 = 3 + 3 + 3$$
$$11 = 3 + 3 + 5$$
$$13 = 3 + 3 + 7$$
$$\cdots$$
$$27 = 3 + 11 + 13$$
$$\cdots$$

同时，欧拉的两个命题是有联系的，我们容易发现：第二个命题是第一个命题的直接推论，若第一个命题正确，就能非常简单地推出命题二是正确的。

因为假设命题一正确，我们设奇数 $A \geqslant 9$，则 $A - 3 \geqslant 6$，而且 $A - 3$ 是偶数。由命题一可知，必有两个奇素数 $n_1$、$n_2$，使得 $A - 3 = n_1 + n_2$，所以 $A = 3 + n_1 + n_2$，因此，命题二是正确的。由此可见，命题一的正确性被证明了，"哥德巴赫猜想"也就彻底解决了。后来，人们就把命题一简单地表示为（1＋1），并且称为"哥德巴赫——欧拉猜想"。

恩格斯说："数是我们所知道的最纯粹的量的规定，但是它充满了质的差异。"差异即矛盾，而矛盾又贯穿于每一事物发展过程的始终。研究整数内部矛盾的特殊性及其相互联系，并非是一种无聊的游戏，而是发现整数之间的联系与规律的一个重要方面。哥德巴赫问题就是把素数与加法运算联系在一起，这就表明，一个大于 2 的整数不仅可以等于几个素数的连乘积，如 $4 = 2 \cdot 2$，$6 = 2 \cdot 3$，……而且还可以等于少数几个素数的和，如 $4 = 2 + 2$，$5 = 2 + 3$，$9 = 3 + 3 + 3$ 等。

哥德巴赫问题所以引起人们极大的关注，并激励着不少人为解决这一难题而奋斗一生，其原因就在于若解决这样的问题就必须引进新的方法，研究新的规律，从而可能获得新的成果。这样就会丰富我们对于整数论以及整数论与其他数学分支之间相互关系的认识，推动整个数学学科向前发展。

1900 年著名德国数学家希尔伯特在国际数学会的演讲中，把哥德巴赫猜想看成是以往遗留的最重要的问题之一。1921 年英国数学家哈代在哥本哈根召开的数学会上说过，哥德巴赫猜想的困难程度可以和任何没有解决的数学问题相比。二百多年来，这个难题吸引了世界许多著名的数学家付出了艰苦的劳动。虽然这个问题至今还未解决，但是进步很大。19 世纪

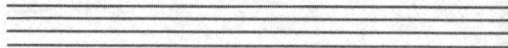

数学家康托耐心地试验了从 2 到 1000 之内的所有偶数命题——都对；数学家奥倍利又试验了从 1000 到 2000 以内所有偶数命题——也是对的，即他们二人连续验证了在 2 到 2000 这个范围内，任何大于或等于 6 的偶数都可以表示为两个奇素数之和。

在 1911 年梅利又指出从 4 到 9000000 之内绝大多数偶数都是两个奇素数之和（即他共验证了 449986 个偶数命题——是正确的，只有 14 个偶数他没能验证出来）。后来，更有人一直验算到了三亿三千万之数，都表明哥德巴赫猜想是正确的。上述这些数学家们虽然做了大量的工作，但都没有离开验算的轨道。

1923 年两位英国数学家系尔德和立特伍德在解决哥德巴赫问题的探索上得到了新的进步。他们虽然没有解决这个难题，但是却使这个问题与高等数学中的解析因数论建立了联系，一方面为解决这个问题搭了第一座桥，使哥德巴赫问题解决的途径从验证阶段踏上了解析证明的新征程；另一方面在两个不同的学科之间发现了微妙的联系，从而会引伸出许多新的发现，为奠定新的理论打下了基础。

直到 1930 年，这个难题才有了决定性的转折，前苏联青年数学家西涅日耳曼（1905—1938 年）采用筛法和数列密度法证明了"任一大于等于 9 的自然数，一定可表示为不超过 300000 个奇数之和"（注意任一大于 9 的自然数，上述定理都成立，则任一大于 9 的偶数，上述定理当然也成立）。这个结果与哥德巴赫猜想相比，似乎非常滑稽可笑，然而正是这个定理为证明哥德巴赫问题找到了新的方法。西涅日耳曼感到要从哥德巴赫问题的原来形式去证明是徒劳的，于是提出一个孪生的问题，在形式上变化了、复杂了，但实质上却简单多了。因为一个能表示成几百个素数之和的数，未必能表示成三个或二个素数的和。可是一个数若能表示成一百个素数的和的问题得到证明，就能使一个数表示成三个或二个素数之和的问题的证明变得容易了。在数学上为了证明某个命题，常常需要把它变化一下形式，即变成它的等价命题或者是放低要求的命题，新命题证完，原命题立即得到证明或者容易证明。

西涅日耳曼提出，是否存在一个完全确定的，但又是尚未知道的整数（用 $C$ 表示），使任何自然数都可表示成不超过 $C$ 个素数和的形状。换言之，不论 $N$ 是怎样的自然数，总可以将它写成 $N = P_1 + P_2 + P_2 + \cdots + P_n$ 的形

状，其中 $P_i$（$i=1$，2，…$n$）均是素数，而 $n$ 一定是小于 $C$（至多等于 $C$）的整数。若能证明 $C=2$，那么哥德巴赫问题就能证明了。西涅日耳曼开辟了这条新路，找到了解决老问题的新方法，得到人们的称赞，并把 $C$ 称为西涅日耳曼常数。有开拓者就有后继人，后来又有不少数学家把 $C$ 这个数降到 67，也就是不论怎样大的偶数，都可以表示为至多是 67 个系数之和的形式。虽然这个问题与哥德巴赫问题的解答相距遥远，但是不论一个偶数是怎样之大，都可将它表示成为若干个素数之和的问题已被证明是正确的。

1937 年前苏联另一位数学家维诺格拉道夫，把西涅日耳曼常数又降到 4，之后又凭借它自己创立的一种新的数学方法——估计指数和的方法，证明了每一个充分大的奇数都一定可以表示为三个奇素数之和，将哥德巴赫猜想的第二个命题解决了。正是由于维诺格拉道夫创造了新的数学方法，解决了"半个"世界著名难题所取得的巨大成就，被授予"社会主义劳动英雄"的称号，并获得了斯大林奖金。

我国对这个问题的研究也有很长的历史，并且也取得了不少研究成果，作出了很大贡献，这是非常值得我们自豪的。

大家非常熟悉的我国著名数学家华罗庚教授，早在 20 世纪 30 年代就开始这项研究工作，并取得了一定的研究成果。解放后，在华罗庚、闵嗣鹤两位教授的指导下，我国一些年轻的数学家不断地改进筛法，使哥德巴赫猜想的研究取得了一个又一个可喜的研究成果，轰动了世界数学界。

1958 年我国数学家王元证明了偶数＝（2＋3），1962 年我国数学家潘承洞又取得偶数＝（1＋5）的可喜成果。同年，王元和潘承洞又证明了偶数＝（1＋4）。

一提到哥德巴赫猜想，广大读者一定会想到陈景润，这位 1953 年厦门大学毕业的我国青年数学家经过 20 年的刻苦钻研，在研究哥德巴赫问题上表现出惊人的毅力和顽强的精神。1965 年前苏联数学家维诺格拉道夫、布赫斯塔勃和朋比利又证明了偶数＝（1＋3），这个结果在当时已经是很了不起的成就了，再向偶数＝（＋2）挺进，已使很多人感到恐惧了。然而，陈景润还是不畏劳苦地攀登着。由于他精心地分析和科学地推算，不断地改进"筛法"，大大地推进了哥德巴赫问题的研究成果，取得了世界领先的地位。1973 年他终于证明：每一个充分大的偶数，都可以表示成一个素数及一个不超过两个素数乘积的和，即偶数＝（1＋2）；若把两个素数乘积变成一个素数，即偶数＝（1＋1）。

哥德巴赫猜想离彻底解决仅一步之差了。但是，这即将登上顶峰的最后一步，也是极端困难的一步。不过看到陈景润的研究成果，看到我国数学才能卓著的年轻人不断涌现，看到广大科学家为攻克一个个堡垒而表现出来的顽强毅力，我们相信，登上顶峰、完成这艰苦的一步，肯定是为期不远了。

## 知识点

### 哥德巴赫

哥德巴赫（Goldbach C.，1690.3.18～1764.11.20）是德国数学家，出生于格奥尼格斯别尔格（现名加里宁城）。曾在英国牛津大学学习，原学法学，由于在欧洲各国访问期间结识了贝努利家族，所以对数学研究产生了兴趣，曾担任中学教师。1725 年到俄国，同年被选为彼得堡科学院院士；1725 年～1740 年担任彼得堡科学院会议秘书；1742 年移居莫斯科，并在俄国外交部任职。曾提出著名的哥德巴赫猜想。

## 延伸阅读

### 陈景润的贡献

陈景润 20 多年如一日坚持解析数论的研究工作，不断地取得可喜的研究成果。他对等差级数最小质数的估计做了显著的改进；还把前面提到的维诺格拉道夫和华罗庚长期研究解决的"三角和估值法"做了圆满的改善；在"华林问题"、"殆素数分布问题"方面也都做了很多工作。至今，他共发表相关论文 40 多篇。

哥德巴赫问题——这颗皇冠上的明珠就被彻底地摘下来了。陈景润的成就，在国内外引起了高度的重视，我国数学家华罗庚和闵嗣鹤都曾高度

评价他的研究成果。英国数学家哈伯斯坦和西德数学家黎希特合著的《筛法》一书，原有十章，付印后又见到陈景润的（1＋2）的成果，感到这一成就意义重大，特为之添写了第十一章，标题叫做"陈氏定理"。

# 中国古代数学的贡献有哪些

## 《九章算术》——两项世界冠军

《九章算术》是我国古代数学园地中的一朵奇葩，它的内容之丰富，水平之高，影响之大，堪称中国古代数学著作之最，可与欧几里得的《原本》媲美。现在中小学课程中的分数四则、比例、面积和体积、开平方、开立方、正负数、一次方程组、二次方程、勾股定理，以及各种应用问题的解法内容，在《九章算术》里都有深入的研究。

《九章算术》系统地总结了战国、秦、汉时期的数学成就，后经许多人增补，形成了现在的内容。全书共九章，内容如下：1. 方田（分数四则算法，平面形面积求法）；2. 粟米（粮食交易问题，含有比例算法）；3. 衰分（比例分配问题）；4. 少广（面积问题的逆运算，含有开平方和开立方的方法）；5. 商功（工程问题和立方体形体积求法）；6. 均输（粮食管理运输问题）；7. 盈不足（解决盈亏问题的算术方法）；8. 方程（一次方程组解法及含有正负数加减法则）；9. 勾股（勾股定理及简单测量问题）。

《九章算术》里的方程组的解法与正负数加减运算的法则，是古代中国在数学领域中取得的两项世界冠军。前一个问题比欧洲早了1500多年，后一个问题比欧洲早1200多年。这部著作已被译成多种文字。

## 孙子定理——神奇的中国剩余定理

我国古代的重要数学著作《孙子算经》中有一个问题："今有物不知其数，三三数之剩二，五五数之剩三，七七数之剩二，问物几何？"答曰："二十三。"这段话译成白话是："有一堆东西不知有多少个，如果三个三个数，剩二个，如果五个五个数，剩三个，如果七个七个数剩二个。问这堆东西有多少？答案是二十三个。"这个问题的解决，就是"孙子定理"，国外称为"中国剩余定理"。

这个问题的解法明朝程大位写成一首诗是:"三人同行七十稀,五树梅花廿一枝,七子团圆正半月,除百零五便得知。"这首诗里隐含着70、21、15、105这4个数,只要牢记这4个数,解答此题便轻而易举了。在《孙子算经》中详细介绍了这种奇妙的算法:凡是每3个一数最后余1的,就取1个70,最后余2的,便取2个70;每5个一数最后余1的,就取1个21,余2的,就取2个21,每7个一数最后余1的,就取1个15,余2的取2个15,把这些数加起来,如果得数比105大,减去105,所得的两组数便是众多答案中最小的一个和第二最小的。比如,上题是取2个70,取3个21,取2个15。由于2×70+3×21+2×15=233,比105大,减去105,再减105,得23。只此寥寥几步便解了此题,可谓神奇。

## 知识点

### 欧几里得

　　欧几里得(Euclid,约公元前325年—公元前265年)是古希腊数学家,以其所著的《几何原本》(简称《原本》)闻名于世,曾受业于柏拉图,后应埃及托勒密国王邀请,从雅典移居亚历山大,从事数学教学和研究工作。他一生治学严谨,所著《几何原本》共13卷,是世界上最早公理化的教学著作,影响着历代科学文化的发展和科技人才的培养。

## 延伸阅读

### 中国古代数学的十大瑰宝

　　中国古代千余年间陆续出现了10部数学著作,被称为中国古代数学的十大瑰宝。它们是1.《周髀算经》:这是一部中国流传至今最早的数学著作,也是一部天文学著作。在数学方面主要讲了学习数学的方法。2.《九章算

术》：是算经十书中最重要的一种（参见"数学宝典"第 11 条）。3.《孙子算经》：作者与出版年代不详，较系统地叙述了算筹记数法和算筹的乘、除、开方以及分数等计算的步骤和法则。4.《五曹算经》：北周甄鸾所著，全书共收集了 67 个问题。所谓"五曹"是指的五类官员，即"田曹"、"兵曹"、"集曹"、"仓曹"、"金曹"五大类问题。5.《夏侯阳算经》：全书共 3 卷，收有 83 个数学问题，内容与《孙子算经》类似。6.《张丘建算经》：南北朝时期的著作，除《九章算术》的内容外，还有等级数问题、二次方程问题、不定方程问题。7.《海岛算经》：魏晋时期刘徽著，以测海岛的高、远而得名。8.《五经算术》：北周甄鸾著，对《易经》、《诗经》、《周礼》、《礼记》、《论语》、《左传》等儒家经典中与数学有关的地方加以注释。9.《缀术》。10.《缉古算经》。以上 10 部书统称为《算经十书》。

# 数的奥秘

生活处处皆学问。在生活中，你经常问为什么吗？如果你是爱问问题的人，那么你会发现生活中藏着很多数的奥秘。想发现这些数字的奥秘需要你细心地观察生活，比如：为什么没有3分一枚的硬币呢？为什么没有1、2、3号篮球队员呢？对数、小数和负数是怎么来的？数的家族成员都有谁？做个生活的有心人，你会更有学问。

## 你知道生活中的这些数字奥秘吗

### 没有3分一枚的硬币

我们都知道，在市场上流通的硬币一角以下的有1分、2分和5分，却没有3分的。这是为什么呢？

这是因为银行在发行货币时，希望用尽量少的币制单位来组合成各种数字，以减少货币总个数的流通量。简单地说，就是因为有了1分、2分和5分这三种硬币以后，就用不着3分一枚的硬币了。不信，你可以试试看：一个1分和一个2分合起来就是3分；两个2分就是4分；一个5分加一个1分就是6分；一个5分加一个2分就是7分；一个5分加一个1分和一个2分是8分；一个5分加两个2分就是9分。这样一来，最多用三枚硬币就可以任意组成一角钱以下的所有钱数，所以市场上就再也用不着3分一枚的硬币了。

### 关于电话号码的学问

电话号码是一种代码，它是由数字组成的。每一部电话机都要有一个代号，不能和别的电话一样，这样打电话才不会打错。不同的国家和地区，电话号码的位数也不尽相同，这其中是有一些学问的。

如果用一位数字做代号，从 0 到 9 只能有 10 个不同的号码，再多就会重复。如果用两位数字做代号，把两位数颠来倒去地排，比如 12、21、13、31……这样只可以安装 90 部电话。如果用三位数字，就可以排出 720 个代号，那就能安装 720 部电话。如果用六位数字就可以排出 15 万多个代号。在大的城市或地区，需要安装很多电话，现在连六位数都不够用了，已经有七位、八位数字的电话号码了。而且在很多单位里，一个电话号码的总机下面又带有很多分机。

其实，随着数字位数的升高，可以排出的电码增加是利用了数学中的排列组合原理。

## 没有1、2、3号篮球队员

熟悉篮球运动的人都知道，在篮球队里是没有 1、2、3 号这三个号码的队员的。这是为什么呢？

原来，篮球队里没有 1、2、3 号队员主要是与比赛中裁判员的手势有关。在球类比赛中，罚球的情况比较多，篮球比赛也不例外。在篮球赛中，一次最多要罚三次球。当需要罚一次球时，裁判员要举起右手并伸出一个手指；罚两次球时伸出两根手指；罚三次球时伸出三根手指。但是，当一方球队的队员在比赛中犯规时，裁判员也要伸手指来表示犯规队员的号码。所以，为了避免引起误会，篮球队员的号码便从 4 号开始了。

在人类的一切活动中，包括体育运动，用手指示数是一种最简单明了的方法，但有时这种表示方法所表达的含义是很有限的。所以，当容易产生误会时，只好更换表达方式或是舍去不用，就像篮球队里舍去 1、2、3 这三个号码一样。

## 知识点

### 排列组合

排列组合是组合学最基本的概念。所谓排列，就是指从给定个数的元素中取出指定个数的元素进行排序。组合则是指从给定个数的元素中仅仅取出指定个数的元素，不考虑排序。排列组合的中心问题是研究给定要求的排列和组合可能出现的情况总数。排列组合与古典概率论关系密切。

→ 延伸阅读

### 不可思议的数字——7

在人们的日常生活中，频频遇到"七"，但没有人注意，"七"是个有趣的数字。柴米油盐酱醋茶囊括了人们的生活必需品，喜怒哀乐悲恐惊表达了人们的七情。佛教中的"七级浮屠"，变化莫测的"七巧板"，音乐中的"七音阶"，人体中的"七窍"，地球上的"七大洲"，每周的"七天"，颜色中的"赤橙黄绿青蓝紫"，天文中的二十八宿的东西南北四方的"七宿"。

我国古代文学作品中的"七"更多。西汉权乘的《七发》诗，之后桓麟的《七说》、桓彬的《七设》、傅毅的《七激》、刘广的《七兴》、崔姻的《七依》、崔琦的《七蠲》、张衡的《七辨》、马融的《七广》、刘梁的《七举》、五粲的《七驿》、徐于的《七喻》、刘魏的《七略》。传说中的"七仙女"、"七夕相会"、"七擒孟获"等数不胜数。

为什么人们都喜欢用"七"呢？美国心理学家米勒教授认为，每个人一次记忆的最大限度是七，超过这个限度，记忆效率开始下降。因此，米勒把"七"称为"不可思议的数字"。

## 数的家族成员有哪些

原始社会时，人类进行狩猎、采集等活动，由于要与野果、木棒、石头等打交道，久而久之便产生了数量的意识。最早用来计数的是手指、脚趾，或小石子、小木棍等。当数目小的时候，就用手指来数，几个物体就伸几根手指出来；当数目很大时，就用小石子来计数，10颗小石子一堆就用大一些的一颗石子代表。用手指、脚趾、石子等来计数，难以长时间记录一个数字。因此，古人发明了绳结记数的方法，或者在兽皮、树木、石头上刻画记数。这些记号，慢慢就变成了最早的数字符号（数码）。

现在通用的数码是印度——阿拉伯数码，用十进制表示数，用0、1、2、3……9十个数码可表示任一数，低一位和数满10后，就进到高一位上去。这种十进制，现在看来简单而平常，但它却是人类社会经过长期努力才形成的。

人的手指头有时候是最好的计数个数的工具。当你数完8、9、10就该数11了，11就是10加上1，这就是十进位制的记数方法。但你可曾知道，十进位制的来历是因为人长有10个手指头。古时候，人类还没有发明文字，也没有算盘，记算物品的数目都是靠人的10个手指头。但是，用手指头记数的时候，最多能记到10，大于10的数就需要做个记号，用绳子打上结，打几个结表示几个，大结表示大的，小结表示小的；或者在石头、木头上画道，画几道表示几个，然后再扳着手指头从头数起，数到10时，再做个记号，然后还是扳着手指头从头数起……就这样逐渐形成了记数的十进位制。所以，人的手指的数目在人类数学文化的发展中起到了相当重要的作用。

如在古埃及，数码记号是这样的，除了十进制以外，还有五进制、二进制、三进制、七进制、八进制、十二进制、十六进制、二十进制、六十进制等。经过长期实际生活的应用，十进制终于占了上风。

0、1、2……；1/2、4/5、11/3…、－3、－8、－11……、2、π、e……，各种各样的数都有自己的"身份"，它们共同组成了数的家族。

第一组成员是正整数。小时候，我们扳手指头学会的1、2、3……就是正整数，这也是我们的祖先最早认识的数。

第二组成员是分数。5个人分3个苹果，古人最初是这样做的：把一个苹果分成相同的5份，每人取一份，即1/5；对另两个苹果做同样的分配，最后每个人得到3个1/5，即3/5。分数的记载最先出现在4000多年前的古埃及的纸草书中。

零的出现比较晚。在公元前200年，希腊人已有零号的记载。

负数在中国的西汉时期已经萌芽，并最先作为数学的研究对象出现在公元1世纪的《九章算术》中。

正整数、零和负整数就构成了全体整数，正分数和负分数构成了全体分数，整数和分数又统称为有理数。每个有理数都可以表示成两个整数的比，不能表示成两个整数的比的数称为无理数。无理数要比有理数多得多。有理数和无理数又统称为实数，这就是整个数的家族。

## 知识点

### 负　数

负数是数学术语，指小于0的实数，如3。负数是同绝对值正数的相反数，任何正数前加上负号都等于负数。在数轴线上，负数都在0的左侧，所有的负数都比自然数小。负数用负号（Minus Sign，即相当于减号）"—"标记。

## 延伸阅读

### 不虚的"虚数"

"虚数"这个名词，听起来好像"虚"，实际上却非常"实"，虚数是在解方程时产生的。求解方程时，常常需要将数开平方。如果被开方数不是负数，可以算出要求的根；如果是负数，那该怎么办呢？譬如，方程$x^2+1=0$，$x^2=-1$，$x=\pm\sqrt{-1}$。那么$\sqrt{-1}$有没有意义呢？1637年，法

国数学家笛卡尔开始用"实数"、"虚数"两个名词。1777 年，瑞士数学家欧拉开始用符号 $i=\sqrt{-1}$ 表示虚数的单位。而后人将实数和虚数结合起来，写成 $a+b$ 形式（$a$、$b$ 为实数），称为复数。

由于虚数闯进数的领域时，人们对它的实际用处一无所知，在实际生活中似乎也没有用复数来表达的量，因此在很长一段时间里，人们对虚数产生过种种怀疑和误解。笛卡尔称"虚数"本意指它是虚假的；莱布尼兹在公元 18 世纪初则认为虚数是美妙而奇异的神灵，它几乎是既存在又不存在的两栖动物。挪威一个测量学家维塞尔提出把复数 $a+bi$ 用平面上的点（$a$、$b$）来表示。后来，高斯又提出了复平面的概念，终于使复数有了立足之地。现在，复数一般用来表示向量（有方向的数量），这在水利学、地图学、航空学中的应用是十分广泛的。虚数越来越显示出其丰富的内容，虚数真是不虚啊！

## 你知道这些数的由来吗

### 对数的发明

对数的第一个发明者是纳皮尔，他从大约 40 岁开始研究对数。当时（约 1590 年）欧洲代数学十分落后，连"指数"、"底数"这些概念还没有建立，可纳皮尔却首先发明了对数，这不能不说是数学史上的一个奇迹。

关于对数的问题，纳皮尔是这样考虑的：设线段 $TS$ 长度为 $a$，$T'S$ 是一条射线。质点 $G$ 从 $T$ 开始做变速运动，其速度与它到 $S$ 的距离成正比。质点 $L$ 从 $T'$ 开始做匀速运动，其速度与 $G$ 的初速相同。当 $G$ 运动到图中 $G$ 点时，$L$ 运动到图中 $L$ 点，设 $GS=x$，$T'L=Y$，纳皮尔称 $y$ 与 $x$ 的对数。纳皮尔从几何角度引入了对数的概念，但为了方便计算，应加以改进。可惜改进计划还没开始，纳皮尔就离开了人世。

纳皮尔没有完成的宏伟事业，由 56 岁的布里格斯继承下来。他对纳皮尔的对数表做了很大的改进。第一，他把纳皮尔只限于三角函数的对数值改为一般数值的对数，扩大了应用范围；第二，以 10 为底，方便计算。1624 年，布里格斯出版了《对数算术》一书，载有 1—20000 以及 90000—

100000 的 14 位常用对数表，这是世界上第一个常用对数表。在布里格斯去世后，荷兰数学家符拉克补齐了从 20000—90000 部分的对数，符拉克的对数是 10 位对数表，到 1794 年又出现 7 位对数表。

## 小数的发明

有位著名的美国数学史家说："近代计算的奇迹般的动力来自三项发明：印度记数、十进分数（小数）和对数。"有了小数之后，记数就更方便了，如圆周率的近似值 3.1416，若用分数表示，就得写成 3927/1250，很麻烦。

在西方，一般认为小数是比利时数学家斯蒂文发明的，但最早使用现代意义的小数点的是德国数学家克拉维斯。实际上，早在斯蒂文发明小数点之前很久，中国、印度和中亚就已经使用十进分数了。

公元 3 世纪，我国魏晋时期刘徽的《九章算术》中，有三处体现了十进分数的思想：十一万八千二百九十六二十五（118296.25）八十九三（89.3）百一十九十二（119.12），这种写法和西方直到 19 世纪仍在流行的小数记法 2·5，几乎完全相同。到了宋元时期，更有下列论法：中亚的阿尔卡西是世界上除中国人之外第一个应用十进分数的人，他的用法体现在他 1427 年的《算术之钥》一书中。不论是东方还是在西方，对小数的认识都经过了几百年甚至上千年的演变。

## 负数的由来

今天人们都能用正负数来表示相反方向的两种量。例如以海平面为 0 点，世界上最高的珠穆朗玛峰的高度为 +8 844.43 米，最深的马里亚纳海沟深为 -10 911 米。在日常生活中，则用"+"表示收入，"-"表示支出。可是在历史上，负数的引入却经历了漫长而曲折的过程。

古代人在实践活动中遇到了一些问题，如相互借用东西，对借入和借出双方来说，同一样东西具有不同的意义。分配物品时，有时暂时不够，就要欠一定的数量。再如从一个地方，两个人同时向两个方向行走，离开出发点的距离即使相同，但两者又有不同的意义。久而久之，古代人意识到仅用数量表示一个事物是不全面的，似乎还应加上表示方向的符号。为了表示具有相反方向的量和解决被减数小于减数等问题，便逐渐产生了

负数。

中国是世界上最早认识和应用负数的国家。早在 2 000 年前的《九章算术》中，就有了以卖出粮食的数目为正（可收钱），买入粮食的数目为负（要付钱），入仓为正、出仓为负的思想。这些思想，西方要迟于中国八九百年才出现。

## 知识点

### 对　数

如果 $a$ 的 $n$ 次方等于 $b$（$a$ 大于 $0$，且 $a$ 不等于 $1$），那么数 $n$ 叫做以 $a$ 为底 $b$ 的对数，记做 $n = \log a$ 的 $b$ 次方，也可以说 $\log (a)\ b = n$。其中，$a$ 叫做"底数"，$b$ 叫做"真数"，$n$ 叫做"以 $a$ 为底 $b$ 的对数"。

## ▶▶▶ 延伸阅读

### 无 "0" 之前

符号 "0" 起源于古印度，早在公元前 2000 年，印度一些古文献便有使用 "0" 的记载。在古印度，"0" 读作 "苏涅亚"，表示 "空的位置" 的意思。之后 "0" 这个数从印度传入阿拉伯，阿拉伯人把它翻译成 "契弗尔"，仍然表示 "空位" 的意思。后来，又从阿拉伯传入欧洲。直到现在，英文的 "cipher" 仍为 "0" 的含义。

我国古代没有 "0" 这个数码。当遇到有表示 "0" 的意思时，也遵照很多国家和民族的通用办法，采用 "不写" 或 "空位" 的办法来解决。如把 118098 记作 "十一万八千□九十八"，把 104976 记作 "十□万四千九百七十六"。可见，当时是用 "□" 表示空位的。后来，为了书写方便，便将 "□" 形顺笔改作 "0" 形，进而成为表示 "0" 的数码。根据史料记载，到南宋时期，当时的一些数学家已开始使用 "0" 来表示数字的空位了。

奇妙的数学问答

### 奇妙的自然数

0、1、2、3……这些人人熟悉而又简单的自然数，有许多奇妙有趣的性质。1930 年，意大利的杜西教授做了仔细的研究：在一个圆周上放上任意两个数，例如：8、43、17、29，让两个相邻的数相减，并且总是大的减小的，如此下去，在有限的步骤之内，必然会出现四个相等的数。科学家还证明，如果四个数中最大的是几，则当重复 $4n-1$ 时，四个差数将相同。

三位数也有奇妙的性质。任取一个三位数，将各位数字倒着排出来成为一个新的数，加到原数上，反复这样做，对于大多数自然数，很快就会得到一个从左到右读与从右到左读完全一样的数。比如：从 195 开始，195＋591＝786，786＋687＝1473，1473＋3741＝5214，5214＋4125＝9339。

只用四步就得到了上述结果，这种结果称为回文数或对称数。但是，也有通过这个办法似乎永远也变不成回文数的数，其中最小的数是 196，它是被试验到 5 万步，达到 21000 位时，仍然没有得到回文数。在前 10 万个自然数中，有 5996 个数像 196 这样似乎永远不能产生回文数，但至今没有人能证实或否定这一猜测。

### 不平凡的素数

素数是只能被 1 和它本身整除的自然数，如 2、3、5、7、11 等等，也称为质数。如果一个自然数不仅能被 1 和它本身整除，还能被别的自然数整除，就叫合数。1 既不是素数，也不是合数。全体自然数可以分为三类：1、素数、合数。而每个合数都可以表示成一些素数的乘积，因此素数可以说是构成整个自然数大厦的砖瓦。

许多素数具有迷人的形式和性质。例如：逆素数就是顺着读与逆着读都是素数的数。如 1949 与 9491，3011 与 1103，1453 与 3541 等。无重逆素数，是数字都不重复的逆素数。如 13 与 31，17 与 71，37 与 73，79 与 97，107 与 701 等。

循环下降素数与循环上升素数。按 1—9 这 9 个数码反序或正序相连而成的素数（9 和 1 相接）。如：43，1987，76543，23，23456789，1234567891。现在找到最大一个是 27 位的数：123456789123456789123456789。

由一些特殊的数码组成的数：如 31、331、3331、33331、333331，以及 3333331、33333331 都是素数，但下一个 333333331 却是一个合数。

素数研究是数论中最古老、也是最基本的部分，其中集中了看上去极简单，却几十年甚至几百年都难以解决的大量问题。

在小学的算术里，我们知道，能被 2 整除的数叫做偶数，通常也叫做双数；不能被 2 整除的数叫做奇数，通常也叫做单数。0 是奇数，还是偶数呢？在那个时候，我们讨论奇偶数，一般是指自然数范围以内的。0 不是自然数，所以没有谈。那么这个问题能不能研究呢？我们的回答是：能够研究，而且应该研究。不但应该研究在算术里学过的这个唯一的不是自然数的整数 0，而且在中学学过代数以后，还应该把奇偶数的概念扩大到负整数。判断的标准也很简单，凡是能被 2 整除的是偶数，不能被 2 整除的是奇数。所谓整除就是说商数应该是整数，而且没有余数。显然，因为 0÷0，商数是整数 0，所以 0 是偶数。同样，在整数里，−2、−4、−6、−8、−10、−360、−2578 等等，都是偶数；而 −1、−3、−5、−7、−249、−1683 等等，都是奇数。

## 友好的数字

亲和数又叫友好数，它指的是这样的两个自然数，其中每个数的真因子和等于另一个数。毕达哥拉斯是公元前 6 世纪的古希腊数学家。据说，曾有人问他："朋友是什么？"他回答："就是第二个我，正如 220 与 284。"为什么他把朋友比喻成两个数字呢？原来 220 的真因子是 1、2、4、5、10、11、20、22、44、55 和 110，加起来得 284；而 284 的真因子的 1、2、4、71、124，加起来恰好是 220，284 和 220 就是友好数。它们是人类最早发现的又是所有友好数中最小的一对。

第二对亲和数（17296，18416）是在二千多年后的 1636 年才发现的。之后，人类不断发现新的亲和数。1747 年，欧拉已经知道 30 对。1750 年又增加到 50 对。到现在科学家们已经发现了 900 对以上这样的亲和数。令人惊讶的是，第二对最小的友好数（1184，1210）直到 19 世纪后期才被一个 16 岁的意大利男孩儿发现。

人们还研究了亲和数链：这是一个连串的自然数，其中每一个数的真因子之和都等于下一个数，最后一个数的真因子之和等于第一个数，如 12496、14288、15472、14536、14264。有一个这样的链竟然包含了 28 个数。

## 知识点

### 因 子

假如整数 $n$ 除以 $m$，结果是无余数的整数，那么我们称 $m$ 就是 $n$ 的因子。需要注意的是，唯有被除数，除数，商皆为整数，余数为零时，此关系才成立。

## 延伸阅读

## 1 不是素数

全体自然数可以分成三类：一类是素数（也叫做质数），如：2、3、5、7、11、13、17……；另一类是合数，如：4、6、8、9、10……；"1" 既不是素数，也不是合数，而是单独算一类。素数只能被 1 和它本身整除，而合数还能被其他的数整除。例如合数 6，除了能被 1 和 6 整除以外，还能被 2 和 3 整除，所以，把素数和合数分成两类的理由很充足。

"1" 也只能被 1 和它本身整除，为什么不是素数呢？如果把 "1" 也算作素数，那么自然数就只分成素数和合数两类，岂不更好吗？

要回答这个问题，得先从为什么要讲素数谈起。比如，3003 能够被哪些数整除？也就是说，3003 的因子有哪些？当然，我们可以把 1 到 3003 的各数一个一个地考虑一番，但是这样做多么费事啊！我们知道，合数都可以由几个素数相乘得到，把一个合数用素因子相乘的形式表示出来，叫做分解素因子。显然每一个合数都能够分解素因子，而且只有一种结果。就

拿3003来说，分解素因子的结果是：3003＝3×7×11×13。现在我们再来看看，为什么不把1算作素数呢？

如果"1"也算作素数，那么，把一个合数分解成素因子的时候，它的答案就不只一种了。也就是说，我们在分解式里，可以随便添上几个因子"1"。这样做，一方面对于求3003的因子毫无必要，另一方面分解素因子的结果不止一种，又增添了不必要的麻烦，因此，1不算作素数。

## 你知道这些特殊的数吗

### 零的丰富含义

数学上的"零"是对任何定量的否定，表示没有。但从辩论观点来看，它又具有丰富的内容：

1. 在现实生活中，零还有开始的意思，比如我们常说的"一切从零开始"，又如过年时，除夕的晚上12点钟又称为零点，这便是一年开始的意思。我们常听的天气预报，总是说零下几度，零上几度，零在这里表示一定的临界。

2. 零是正数与负数之间的界限，既不是正数，又不是负数，是唯一真正的中性数。

3. 在十进制记数中，把它放在一个自然数的右边，就使该数成10倍、100倍、1000倍的增大；在一个近似数（小数）的最右边放上0，表示这个近似数的精确度，如0.650表示精确到0.0005，而0.65则表示精确到0.005。

4. 在解析几何中，零是一个特定的坐标原点，它决定着其他点的选取和性质。

5. 在代数运算中，一个方程的实质，只有当方程所有项都移到一边，而另一边为零时，才能清楚地显现出来。

总之，零的用处有许多。随着青少年朋友们知识的不断增多，你还会发现零的许多其他妙用！

## 充满美感的数字——0.618

0.618 这个数值，数学史上称之为黄金分割数或黄金比。下面是与 0.618 有关的一些事物，可见其美感色彩之一斑。

建筑物的门、窗通常均设计成长方形，其短边占长边的比值均为 0.618，给人以一种稳定、和谐的感觉；著名的埃菲尔铁塔第二层平台的下面与上面对比，雄伟的多伦多电视塔阁覆楼的上部与下部长度的比也均为 0.618；埃及基沙的第一座金字塔，高 146 米，底部边长 230 米，比值也与 0.618 相近，从而给人以雄伟壮丽、气势磅礴之感；意大利菲坡斯发现，一般人肚脐以上与肚脐以下的长度比约为 0.618，此外，头脑至咽喉的长度与咽喉至肚脐的长度比，以及膝盖至脚底的长与膝盖的长的比也是 0.618。并不是所有的人都完全符合这个比值，但凡符合者都能给人以体态轻盈匀称之感。还有人发现，二胡的千斤放在琴弦长度的 0.618 处音色优美；冬季室温在 23℃ 左右，居住者感觉舒适，其与人体体温的比值也恰恰接近 0.618。真是神奇的 0.618。

**埃菲尔铁塔**

## 揭开"9"的神秘面纱

爱因斯坦出生在 1879 年 3 月 14 日，把这些数字连在一起，就成了 1879314。重新排列这些数字，任意构成一个不同的数（例如 3714819），在这两个数中，用大的减去小的（这个例子是 3714819－1879314＝1835505）得到一个差数，把差数的各个数字加起来，如果是二位数，就再把它的两个数字加起来，最后的结果是 9（即 1＋8＋3＋5＋5＋0＋5＝27，2＋7＝9）。实际上，把任何人的生日写出来，做同样的计算，最后得到的都是 9。

把一个大数的各位数字相加得到一个和，再把这个和的各位数字相加又得到一个和，这样继续下去，直到最后的数字之和是一位数字为止，最后这个数称为最初那个数的"数字根"。这个数字根等于原数除以9的余数，这个过程常称为"弃九法"。求一个数的数字根，最快的方法是加原数的数字时把9舍去。如：求 385916 的数字根，其中有 9，且 3＋6、8＋1 都是 9，就可以舍去，最后剩下就是原数的数字根。

爱因斯坦

由此我们可以解释生日算法的奥妙。假定一个数 $n$ 由很多数字组成，把 $n$ 的各个数字打乱重排得到 $n'$，显然 $n$ 和 $n'$ 有相同的数字根，即 $n-n'$ 一定是 9 的倍数，它的数字根是 0 或 9，所以只要 $n \neq n'$，$n-n'$ 累积求数字和所得的结果就一定是 9。

## 不被西方人喜欢的数字——13

13 这个数字在外国人心目中非常令人厌恶。旅馆里没有 13 号房间，学生在考场上拒绝坐 13 号座位，海员们拒绝在 13 号这天启航出海，餐桌上不愿意 13 个人同时就餐。这到底是什么原因呢？据考证，主要有三种根源：

1. 耶稣基督和他的 12 个门徒聚餐，其中第 13 个人便是犹大。吃完最后的晚餐后，耶稣被犹大出卖，13 成了一个不祥的数字。

2. 希腊神话中，"英灵之宴"传说原来有 12 个半人半神聚宴，后来破坏与灾难之神洛基不邀自来，成为 13 个人。结果在宴会中，令人敬爱的包尔达神不幸被杀死，13 从此成了不吉利的标志。

3. 原始人只会以十个手指和两只脚来计数，最多是 12，于是 13 成了不可知的可怕数字。

## "T"形数

在科学技术如此发达的今天，大数已经不足为奇了。比如，目前美利坚合众国的预算大约是每年 100 000 000 000 美元（1 000 亿美元）左右，也就是1万亿银子。一旦我们在脑海中建立了1万亿是多大的数目，那么我们只要略加想像就能知道1万亿个1万亿是怎样一个数目，1万亿个1万亿个1万亿是怎样一个数目。为了使我们在说这些数的时候不致结结巴巴，让我们设1万亿为 $T-1$，1万亿个1万亿为 $T-2$，用这个办法构成一些大数——T形数。

这样一来，根本用不到 $T-2$ 就早已把美国财政方面的应用全部包括进去了，再看看它在其他方面的应用。在物理学中，质子和中子统称为核子。$T-1$ 个核子所构成的质量是极小的，即使用最好的光学显微镜也远远看不到，而 $T-2$ 个核子也只能构成1克重的物质。由于 $T-3$ 是 $T-2$ 的1万亿倍，故 $T-3$ 个核子就能构成 1.67 万亿克的物质，或者略少于 200 万吨。事实上，$T$ 形数的增加速度让我们吃惊。$T-4$ 个核子相当于地球上所有海洋的质量，$T-5$ 个核子相当于 1 000 个太阳系的质量。如果继续增加下去，$T-6$ 个核子就相当于 1 万个银河系大小的质量，$T-7$ 个核子的质量要远远地、远远地超过整个宇宙的质量。

阿拉伯数字在中世纪全盛时期传入了欧洲，这使罗马数字几乎失去了一切可能的用途。阿拉伯数字不知要比它们胜过多少倍。为了表达用罗马数字来计算的方法，不知用去多少纸张。而从此之后只需百分之一的纸，就可完成同样的计算。

### 知识点

### 罗马数字

在西方的许多国家曾一度使用罗马数字表达或换算的东西。在"布的度量"上，2英寸是一奈尔，12奈尔等于一个佛兰芝埃尔，一个英国埃尔等于29奈尔（45英寸）一个法国奈尔等于24奈尔（54英寸）；

奇妙的数学问答

如果测量距离，712/100 英寸等于 1 令克，25 令克等于 1 杆，4 杆等于 1 测链，10 测链等于 1 佛浪，8 佛浪等于 1 英里；计量啤酒时，最常用 2 品脱等于 1 奈脱，而 4 奈脱等于 1 加仑；8 加仑等于 1 小桶，2 小桶等于 1 琵琶桶，11/2 琵琶桶等于 1 中桶，2 琵琶桶等于 1 大桶。

你能弄清楚以上那些换算关系吗？我们的数制既然已经很牢固地以十为基数，那么，当今世界上的单位比率也没必要搞得这样变化多端。忘掉旧的和无用的知识，无疑就跟学习新的有益的知识一样重要。

**▶▶ 延伸阅读**

## 无限大与无限小的产生

无论是实数还是复数，都有确定的量值。换句话说就是我们通常碰到的事物是有限的，总可以用这些数来计量。

在微观世界，人类的认识也从分子到原子，从原子到原子核，原子核直径约为 10.13 厘米，原子核还可以分解为质子、中子，它们的直径更小。这一分解过程可以无穷尽地进行下去，这样就产生了无限小的概念。

人类在长期认识过程中，又逐渐产生了两个新的概念。最初，人们将整个宇宙理解为地球，航海学测量的地球半径为 6 370 公里，对人来说，那是一个非常大的数。16 世纪，哥白尼的"日心说"又将宇宙扩大到以太阳为中心的太阳系，太阳系的半径为 60 亿公里，约是地球半径的 94 万倍。地球与之相比只是苍海一粟。随着科学技术的发展，人们借助射电望远镜，又将宇宙范围扩展到银河系、星系团、超星系团以至总星系。这些星系的半径都是数百万光年（光年即光走一年的路程，大约 94 610.12 亿公里）以上，这个数字简直是无法把握的。这样就出现了无限大的概念，数学上记为 ∞。它的含义是比任何实数都大的数，这个数当然是虚拟的，不是一个确定的数。

无限大、无限小的含义已经涉及数的变化趋势了，它们是从确定量到变量的过渡中产生的数，是微积分的基础。

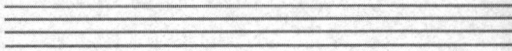

## 你了解孪生质数吗

要想知道有多少孪生质数,我们得先明白什么是质数,什么是孪生质数,质数是如何分布的,孪生质数是怎样分布的,这样才有可能知道孪生质数的数目。

### 质数的数目

远在中古时代,就产生了自然数的概念(当然,那时还不叫自然数)。印度人对数学最宝贵的贡献之一,就是采用了符号"1、2、3、4、5、6、7、8、9、0"来记数,彻底地完成了古巴比伦关于"有数位的记数法"。这样一来,自然数列 1,2,3,4,5,6,7,8,9……的概念很快就形成了。法国数学家拉普拉斯(1749—1837 年)曾对此评论说:"用很少几个符号,表示所有的数目,使符号不仅具有形状上的意义,还具有数位的意义,这一思想是如此自然,如此使人容易了解,简直无法估计它的奇妙程度。拿阿基米德和阿波罗尼两人来说吧,他们是和欧几里德同时代的希腊数学界最伟大而最有天才的人,但他们两位也没有想出这样的记法,可见取得这一成就是多么不容易啊!"

正是由于得到了"数"的合理记法,对于数的研究才出现了一个新的局面。近两千年,尤其是近百年来,人们时刻都在研究数的变化规律,并且已经取得了辉煌的成就,创立了完整的数学分支——"数论"。众所周知,自然数列有着许多简单而又十分重要的性质,如数是无穷多个,且无最大的数;其次自然数集合可以按约数的情况分成三大类:

第一类是 1(约数只有一个,即 1 本身)。

第二类是素数(约数只有两个),即凡是约数只有 1 和它本身,而无其他约数的自然数都称为素数,一般习惯叫做质数。

第三类是合数(约数多于两个),即凡是约数多于两个的自然数都称为合数。

1 是个非常特殊的自然数,再没有什么东西看起来比这个数量单位更简单的了,可是再没有什么比 1 更多样化了。它继续自相加下去就可以得

出其他任何整数。1 的正幂、负幂和分数幂都等于 1 本身；1 是一切分子分母相等（零除外）的一切分数的恒；0 以外的任何数的零次幂都等于 1，对数为 0 的数都等于 1。观察 1 的这些有趣的特性，就能准确理解恩格斯关于"1 和多是不能分离的，相互渗透的两个概念，而多包含于 1 中，正如 1 包含于多中一样"的论述。

欧几里德证明了质数的个数是无穷多个，且无最大者。即定理：质数的个数是无限的，并且不存在什么最大的质数。我们是用反证法来证明的。

假设存在某一个最大的质数，用 $P$ 来表示，我们考虑所有质数的积与 1 的和，即

$$2 \times 3 \times 5 \times 7 \times 11 \cdots \cdots P + 1$$

这个数当然要比 $P$ 大得多。现在将这个数用任意一个质数来除（注意我们已经假设 $P$ 是最大的质数），$2 \times 3 \times 5 \times 7 \times 11 \cdots \cdots P + 1$ 这个数是由两部分所组成，第一部分是所有质数的积，当然可以被任意一个小于 $P$ 的质数整除。第二部分是 1，显然除了 1 以外什么数也不能整除，当然任意一个质数也不能整除。总之，这个数不能被任意质数整除。这就说明 $2 \times 3 \times 5 \times 7 \times 11 \cdots \cdots P + 1$ 这个数，或者本身就是质数，或者能被大于 $P$ 的质数整除。总之，与假设 $P$ 为最大质数相矛盾，所以质数是无穷多个的，且无最大的质数，定理得证。

我们还可以看到，除了 2 以外的所有质数，可以表示如下两种形状（反之不然，读者可以验证）。

5，13，17，……可以表示为 $4n+1$ 的形状。

3，7，11，……可以表示为 $4n-1$ 的形状。

只有一个质数 2 是偶数，其余的质数一律为奇数。因为奇数被 4 除时，余数只可能是 1 或者 3，所以任何质数都属于这两种形状中的一种，但是并不是任何 $4n \pm 1$ 这种形状的数都是质数。

当我们将质数分为上述两类后，这两类质数的个数各是什么情况呢？两类都是无穷多，还是一个有限、另一个无穷呢？两类不会都是有限的，这是显然的。

答案是两类都是无穷多个，对于 $4d$ 的这种形状的质数个数，证法较难，这里只就形状 $4n-1$ 的质数是无穷多的情况进行证明。

引理：若干个 $4n+1$ 形状的数的乘积仍是 $4n+1$ 形状的数。

设有两个此类形状的数 $4m+1$ 和 $4n+1$，两者互乘得：

$$(4m+1)(4n+1) = 16mn+4m+4n+1$$
$$= 4(4mn+m+n)+1$$
$$= 4K+1$$

其中 $K=4mn+m+n$ 是表示整数的。由此可见，两个 $4n+1$ 形状的因子乘积仍然还是 $4n+1$ 的形状。取三个、四个……这样形状的因子相乘，我们可以用数学归纳法证明，引理的结论是正确的。

现在转而证明 $4n-1$ 形状的质数的个数是无穷多的。假设 $4n-1$ 形状的质数，只有有限个，不妨设是 $m$ 个，用 $P_1$，$P_2$……$P_m$ 来表示它们，则考虑数 $A=4 \cdot P_1 \cdot P_2 \cdot P_3 \cdots\cdots P_m-1$。

这个数至少有一个 $4n-1$ 形状的因子，因为它本身就是 $4n-1$ 的形状。根据引理，$4n+1$ 形状因子的乘积仍然有 $4n+1$ 的形状。所以，在数 $A$ 的质因子中间，应该有某一个质数 $P=4n-1$，而 $P$ 又不可能是 $P_1$，$P_2$，$P_3$……$P_m$ 中的任何一个，因为 $A$ 不能被其中任何一个整除，这个 $P$ 是 $4n-1$ 形状的质数。因而，$P_1$，$P_2$……$P_m$ 就不能包括 $4n-1$ 形状的所有质数，而这与假设相矛盾。因此，$4n-1$ 形状的质数是无穷多的。

$4n-1$ 形状的数组成一个等差数列，也就是说上述定理可以表示为：在等差数列 3，7，11，15，19，……中包含着无穷多个质数。

我们不难理解，在首项是 1，公差也是 1 的等差数列中（即自然数列）也包含着无穷多个质数，在形状为 $4n+1$ 的数列中也包含着无穷多个质数。

在 18 世纪末到 19 世纪初，德国著名数学家狄里克莱（1805—1859年），在许多数学家热衷研究各式各样的等差数列中包含质数个数的问题上，得到了一个著名的定理，并且完全解决了这样一个课题。他证明了"任何一个算术级只要首项和公差是互质的，就必定包含了无限多个质数"。这个定理不是在初等数学范围内所能解决的，所以这里不再证明。

## 质数的分布

质数在自然数列中分布得很奇妙，许多人一直想找出这个分布规律来。从公元前 3 世纪开始到现在，仍然没有彻底解决。

公元前 3 世纪古希腊数学家兼哲学家埃拉托色尼，为了研究这个问题，提出了一种名叫"过筛"的方法，造出了世界上第一张质数表（就是按照

质数的大小排列成表）。他将一张大纸完整地蒙在一个框子上，然后把自然数列按其大小，一个一个地写上去，再将合数挖掉。这样一来，好像合数都被一个筛子筛掉了，筛子里剩下的都是质数。如下图的这个筛子就可以让人们一目了然地看到 100 以内质数分布的规律。

| 1 | 2 | 3 | 4 | 5 | 6 | 7 | 8 | 9 | 10 |
|---|---|---|---|---|---|---|---|---|---|
| 11 | 12 | 13 | 14 | 15 | 16 | 17 | 18 | 19 | 20 |
| 21 | 22 | 23 | 24 | 25 | 26 | 27 | 28 | 29 | 30 |
| 31 | 32 | 33 | 34 | 35 | 36 | 37 | 38 | 39 | 40 |
| 41 | 42 | 43 | 44 | 45 | 46 | 47 | 48 | 49 | 50 |
| 51 | 52 | 53 | 54 | 55 | 56 | 57 | 58 | 59 | 60 |
| 61 | 62 | 63 | 64 | 65 | 66 | 67 | 68 | 69 | 70 |
| 71 | 72 | 73 | 74 | 75 | 76 | 77 | 78 | 79 | 80 |
| 81 | 82 | 83 | 84 | 85 | 86 | 87 | 88 | 89 | 90 |
| 91 | 92 | 93 | 94 | 95 | 96 | 97 | 98 | 99 | 100 |

质数表

尽管人们至今还没有完全找到这一规律，但是，很早就从这个"筛子"中看到许多有趣的规律，如表的开头部分，质数分布得比后面的要稠密得多，与 1 的距离越远、质数分布的就越稀少；从 1 到 10 之间就有 4 个质数 2、3、5、7，而从 90 到 100 之间只有 1 个质数 97。如果要是在一张大数表中还可以看到，在 997 到 1009 这两个质数之间，全部 11 个数都是合数。如果再往后看，质数分布就更稀少了。我们甚至可以证明：有这样一个数字间隔存在，这个间隔中的 100 个连续的数，完全是合数。

我们来证明这一事实。首先考虑从 1 到 101 之间所有的整数的乘积，即

$$1 \cdot 2 \cdot 3 \cdot 4 \cdot 5 \cdots \cdots \cdot 99 \cdot 100 \cdot 101$$

这是一个很大的数（它约等于 $95 \cdot 10^{158}$，它比普通的"天文数"要大得多）。为了书写方便，我们用字母 $A$ 表示这个大数，进而考虑数列

$$A+2, A+3, A+4 \cdots \cdots A+99, A+100, A+101$$

这是一个由 100 个连续整数改成的数列。我们可以断言，这一百个数

全是合数。为什么呢？我们不妨在这里面任意考虑一个，例如考虑 $A+37$ 这个数，它能被 37 整除，因为 $A$ 中含有 37 这个因数，所以 $A$ 能被 37 整除，$A+37$ 中的 37 显然能被 37 整除，所以 $A+37$ 这个数就能被 37 整除，于是就证明了它是合数。

为了进一步考虑质数的分布，我们可以提出这样的问题加以讨论，即在给定的范围内质数所能占的百分比有多大？这个比值是随着数的增长而增大，还是减小，或者近似为常数呢？

我们采用试验的方法（这种方法在研究数论上是常用的，不妨称之为探索性思考法），即通过查找各种不同数值范围内质数数目的方法，来解决这个问题。这样我们看到 100 之内有 26 个质数，在 1000 之内有 168 个质数，在 1000000 之内有 78498 个质数，在 1000000000 之内有 50847478 个质数。把质数的个数除以相应范围内的整数个数得出下表。

| 数值范围 | 质数个数 | 比　率 | $\dfrac{1}{\ln N}$ | 偏　差 |
|---|---|---|---|---|
| 1—100 | 26 | 0.260 | 0.217 | 20 |
| 1—1000 | 168 | 0.168 | 0.145 | 16 |
| 1—$10^6$ | 78498 | 0.078498 | 0.072382 | 8 |
| 1—$10^9$ | 50847478 | 0.050847478 | 0.048254942 | 5 |

从这张表上首先可以看到，随着数值范围的扩大，质数的个数相对减少了，但是并不存在质数的终止点。

有没有一个简单的方法，可以用数学形式表示这种质数比值随数值范围的扩大而减少的规律呢？答案是肯定的，并且这个有关质数平均分布的规律已经成为数学上最值得称道的重要发现之一。这条规律非常简单，就是从 1 到任何自然数 $N$ 之间所含有质数的百分比，近似由 $N$ 的自然对数的倒数所表示，$N$ 越大，这个规律就越精确。

所谓自然对数就是以数 $e \approx 2.178\cdots$ 为底数的对数。如果对这种对数不习惯的话，可以通过换底公式变为常用对数，如：

$$\lg x = 0.43429 \ln x$$

从上表第四栏中，可以看到 $N$ 的自然对数的倒数，把这栏数和前一栏

即第三栏比率中对比一下，就会看到，两者是很相近的，并且 $N$ 越大，它们就越相近。

有许多数论上的定理，开始时都是凭经验作为假设提出的，而在很长一段时间内得不到严格证明，上面这个质数分布定理也是如此。直到上个世纪末，法国数学家阿达母和比利时数学家布敬才终于给出了完整的证明。

## 孪生质数的数目

现在可以讨论本节一开始提出的问题了。孪生质数到底有多少对。在质数表中，我们容易发现另一个规律，即许多相差二的奇数又都是质数，例如：3 和 5；5 和 7；11 和 13；17 和 19；29 和 31；41 和 43；59 和 61；71 和 73 等等。一般地说，如果 $P$ 和 $P+2$（$P \geqslant 2$）都是质数的话，则把 $P$ 和 $P+2$ 叫做孪生质数。如上述八对孪生质数，是在数值范围为 100 以内的，500 到 600 这段数值范围内，只有 521 和 523；569 和 571 两对。当然，只要在质数表上再往后看，还可以找到更大的孪生质数，如 5971847 和 5971849。不过，可以看到这种孪生质数的分布也是极不均匀的。一般说来，它们的分布也是越来越稀少，与质数相比较，还要稀疏得多。

这一发现，很早就引起了数学家们的兴趣，并且对它提出了一系列十分不易解决的难题。如孪生质数的分布规律是什么？共有多少对孪生质数，或者说有无最大的一对孪生质数等等。

质数的个数问题早已解决了，似乎孪生质数的个数问题是不成问题的。然而，出乎所料，就是这个孪生质数的个数问题，或者说孪生质数的个数是否也有无穷多的问题，数千年来都没有得到解决，甚至连解决这个问题的途径都没有找到。至今仍然如此，成为当今数论中又一个大难题。现今所知道的最大的孪生质数是 $76 \times 3^{169} - 1$ 和 $76 \times 3^{169} + 1$，这个结果是威廉斯和察恩克得到的。当然我们也可以提出如：5、7、9，这样三个连续的质数组问题（不妨叫做三生质数）是否也有无穷多组，分布规律又如何？这样的问题更难于解决了。不过由于高速电子计算机的飞速发展，计算能力的迅猛提高，相信这些难题将会随着时间的推移和数学方法的改进一个一个地被解决的。

## 数 论

整数的基本元素是素数，所以数论的本质是对素数性质的研究。2 000 年前，欧几里得证明了有无穷个素数。既然有无穷个，就一定有一个表示所有素数的素数通项公式，或者叫素数普遍公式，它是和平面几何学同样历史悠久的学科，高斯誉之为"数学中的皇冠"。按照研究方法的难易程度来看，数论大致上可以分为初等数论（古典数论）和高等数论（近代数论）。

**奇妙的数学问答**

**延伸阅读**

### 1000 以内的质数

| | | | | | | | | | |
|---|---|---|---|---|---|---|---|---|---|
| 2 | 3 | 5 | 7 | 11 | 13 | 17 | 19 | 23 | 29 |
| 31 | 37 | 41 | 43 | 47 | 53 | 59 | 61 | 67 | 71 |
| 73 | 79 | 83 | 89 | 97 | 101 | 103 | 107 | 109 | 113 |
| 127 | 131 | 137 | 139 | 149 | 151 | 157 | 163 | 167 | 173 |
| 179 | 181 | 191 | 193 | 197 | 199 | 211 | 223 | 227 | 229 |
| 233 | 239 | 241 | 251 | 257 | 263 | 269 | 271 | 277 | 281 |
| 283 | 293 | 307 | 311 | 313 | 317 | 331 | 337 | 347 | 349 |
| 353 | 359 | 367 | 373 | 379 | 383 | 389 | 397 | 401 | 409 |
| 419 | 421 | 431 | 433 | 439 | 443 | 449 | 457 | 461 | 463 |
| 467 | 479 | 487 | 491 | 499 | 503 | 509 | 521 | 523 | 541 |
| 547 | 557 | 563 | 569 | 571 | 577 | 587 | 593 | 599 | 601 |
| 607 | 613 | 617 | 619 | 631 | 641 | 643 | 647 | 653 | 659 |
| 661 | 673 | 677 | 683 | 691 | 701 | 709 | 719 | 727 | 733 |
| 739 | 743 | 751 | 757 | 761 | 769 | 773 | 787 | 797 | 809 |

| | | | | | | | | | |
|---|---|---|---|---|---|---|---|---|---|
| 811 | 821 | 823 | 827 | 829 | 839 | 853 | 857 | 859 | 863 |
| 877 | 881 | 883 | 887 | 907 | 911 | 919 | 929 | 937 | 941 |
| 947 | 953 | 967 | 971 | 977 | 983 | 991 | 997 | (共 168 个) | |

# 质数公式你在哪里

普耶尔·费尔马（1601—1665 年）是个法律学家，也是他的故乡——法国土鲁兹城著名的社会活动家。尽管他是在业余时间里研究数学，可是他的法学才能远远不如他的数学才能闻名。他在世时没出版过什么著作，在他死后他的儿子才将他的数学遗稿整理出版。

费尔马几乎与他同时代的所有著名数学家都有联系和交往。他和笛卡儿共同奠定了解析几何学的基础，和巴斯嘉奠定了概率论的基础。他最出色的成就，还是在数论方面的研究结果。他常常故意把一些难题交给熟人去做，即使是非常著名的数学家也往往不能完成他交给的任务。

历代著名的数学家们为了寻找一个公式来表示所有的质数，不知花费了多少精力，走过了多少艰难曲折的道路。费尔马在这方面也不例外，他曾给出一个表达式：

$$F_n = 2^{2^n} + 1$$

并且断言当 $n = 1 + 2 + 3 \cdots \cdots$ 时，$F_n$ 表示一切质数，$F_n$ 也就是我们在分圆问题中提到的高斯判别法中费尔马的公式。经过验证：

$$F_0 = 2F_2 + 1 = 3, \quad F_2 = 2^{2^1} + 1 = 5;$$

$$F_2 = 2^{2^2} + 1 = 17, \quad F_3 = 2^{2^3} + 1 = 257;$$

$$F_4 = 2^{2^4} + 1 = 65537; \quad \cdots \cdots$$

当 $n = 0, 1, 2, 3, 4$ 时，$F_n$ 确实都是质数。费尔马也算出了 $F_5 = 4294967297$。但是，由于这个数很大，分解较难，他没有进行分解，便认为 $F_5$ 也是质数，于是他就断言："当 $n$ 是任何正整数时，$F_n$ 总表示质数"。通常人们称 $F_n$ 为费尔马数。正是由于这位大数学家的一时疏忽，而得到一个错误的结论。后来在 1732 年，也是在这条崎岖的道路上行走的数学家欧拉指出了费尔马的错误，欧拉得到：

$$F_5 = 2^{2^5} + 1 = 4294967297 = 641 \times 6700417$$

而 641 是质数，从而费尔马的断言被否定了。

在数学的许多方面都有建树功勋的欧拉，在寻求质数公式时，也曾设想用一个二次三项式：

$$\varphi(n) = n^2 + n + 41$$

来表示质数，然而也失败了。不难验证，当 $n$ 等于从 1 到 39 所有整数时，这个三项式的值都是质数，可是当 $n=40$ 时：

$$\varphi(40) = 40^2 + 40 + 41 = 1681 = 41^2$$

就是合数了。和费尔马一样，也没能给出一个以正整数为自变量，而因数值都是质数的解析表达式。

通过这两位著名数学家的教训，我们看到不完全归纳法常常是不可靠的，绝不能根据对一些特殊情形的判断，然后就过渡到一般情形的结论，并作为规律或普遍法则，这样做是太冒险了。必须经过周密的研究、大量的判断，并且给予严格的数学论证，然后才能成为规律、法则，或者因为错误而被否定。所以，欧拉说得对，"简单归纳法会得出错误的结论"。还有一个更有说服力的例子，试看形如：

$$\varphi(n) = 991 \cdot n^2 + 1 \quad (n=1, 2, 3, \cdots\cdots)$$

所表示的数，我们分别将 1，2，3，4，……等自然数代入上式，所得的数值都不是完全平方数，甚至你花上毕生的精力去一个一个地计算，也不会发现例外。但是，数学上却决不允许因此而得出 $n$ 对一切自然数 $M$ 都不是完全平方数。事实上，当 $\varphi(n)$ 不为完全平方数这一结论遭到破坏时，谁能有那么大的耐心一个数一个数地从 1、2、……一直让 $n$ 取到 29 位的大数去验算 $\varphi(n)$ 是不是完全平方数呢？

质数问题让人们纠结了 2 000 多年。不少数学家在这条漫长而曲折的道路上，刻苦研究质数公式的问题。费尔马、欧拉两位大数学家虽然在寻求质数公式的崎岖道路上有过失败，但他们在数论的研究方面取得了不少研究成果，使数论的内容不断丰富，成为一个强有力的数学分支。所谓费尔马小定理的确立，就是一个例证。

为了读者能顺利地了解这个定理，我们先来研究奇数的平方与 1 之差，即表达 $m^2 - 1$（其中 $m$ 为奇数）。

$$m^2 - 1 = (m+1)(m-1)$$

既然 $m$ 为奇数，则上式的右端一定是两个相邻的偶数之积，而且（$m+$

1) $(m-1)=2$，所以，这两个相邻偶数必定有一个能被 4 整除，而且另一个又是 2 的倍数。因为如果两个偶数中有一个不能被 4 整除，则它被 4 除时，余数一定是 2，即可写成 $4n+2$ 的形式（其中 $n$ 为自然数），那么与它相邻的另一个偶数必为 $4n+4$ 或者是 $4n$，两者都是 2 的倍数，从而可知，无论 $m$ 为什么奇数，$m^2-1$ 总能被 2 整除。

再看任何数的立方与此数之差可以被 3 整除，即表达式 $m^3-m$，可以表示为：

$$m^3-m=m(m+1)(m-1)$$
$$=m(m+1)m(m-1)$$

这个式子说明任何自然数的立方与此数的差等于三个连续自然数的积，这三个连续自然数中，至少有一个是偶数（即能被 2 整除），也必定有一个数能被 3 整除。因为三个连续自然数不妨设为 $K$、$K+1$、$K+2$，则第一个数的形状不是 $K=3n$，就是 $K=3n+1$，或者是 $K=3n+2$（其中 $n$ 为自然数）。一个数以 3 除，其余数只有 0、1、2 三种情形。如果是第一种情形，即 $K=3n$，则结论成立；如果是第二种情形，即 $K=3n+1$，则第三个自然数 $K+2=3n+3$，就能被 3 整除。如果是最后一种情形即是 $K=3n+2$，则第二个自然数 $K+1=3n+3$ 就能被 3 整除。所以，不论在什么情况下，三个连续自然数的积一定能被 3 整除。

类似地可以证明 $m^5-m$ 也能被 5 整除（由于证明较繁，这里从略），而 $m^4-m$ 则不能被 4 整除，如取 $m=2$，$m^4-m=16-2=14$，就不能被 4 整除。

综上所述，我们还可以得出如下两个问题：（1）当 $a$ 是怎样的一些数时，不论 $m$ 是怎样的数，$m^2-m$ 总能被指数 $a$ 整除，而当 $a$ 是另外的一些数时，就不一定能整除。

（2）三个连续自然数的积，不仅能被 3 整除，而且能被 6，即 1、2、3 的积整除；五个连续自然数的积，不仅能被 5 整除，而且能被 1、2、3、4 和 5 的连乘积 120 整除。能不能推广到一般情形，即连续自然数的积 $K\cdot(K+1)(K+2)\cdots\cdots(K+m-1)$ 能被自然数列 $m$ 连续数的积 1、2、3、4、$\cdots\cdots$、$(m-1)m$ 整除而无余数。

我们先讨论第二个问题，学过排列组合和牛顿二项式定理的读者会发现

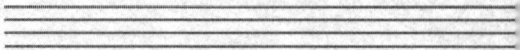

$$\frac{K（K+1）（K+2）……（K+m-1）}{1·2·3·4……（m-1）m}$$

这个商数就是等于从 $K+m-1$ 个元素中，每次取 $m$ 个的组合数，或者说是 $(a+b)^{k+m-1}$ 这个二项式展开式中的 $m+1$ 项的系数，所以这个商数当然是整数，即 $K（K+1）……（K+m-1）$ 能被 $1·2·3……（m-1）)m$ 整除而无余数。

在讨论第一个问题之前，先向读者介绍法国一名女数学家苏非·日尔明所得到的一个定理。

形如 $n^4+4$（其中 $n>1$）的任何数是一个复合数，证明这个定理是轻而易举的。

$$n^4+4 = n^4+4n^2+4-4n^2$$
$$= (n^2+2)^2-(2n)^2$$
$$= (n^2+2-2n)(n^2+2+2n)$$
$$= 〔(n+1)^2+1〕〔(n+1)^2-1)〕$$

当 $n$ 为整数时，上式右端两个因式都是整数，并且当 $n>1$ 时，其中任何一个式子都不等于 1，只有当 $n=1$ 时，$n^2+4=5$ 才是质数。所以，对任何 $n>1$ 的自然数 $n^4+4$ 都是复合数。

在寻找质数公式的过程中，人们就是这样按照数的表达形式和它的结构，来判定这个数是质数还是复合数。

1640 年费尔马回答了第一个问题，他证明了被后人称之为费尔马小定理的定理，这个定理成了数论的基本定理之一。

费尔马就是从不论 $M$ 为什么样的整数，二项式 $m^2-m$ 能被 2 整除，而 $m^2-m$ 能被 3 整除，$m^5-m$ 能被 5 整除等等，讨论的基础上得到了下面这个定理：不管 $m$ 是什么整数，只要 $p$ 是（任意的）质数，$m^p-m$ 就能被 $p$ 整除，不过费尔马不是这样叙述的。我们容易看到：

$$m^p-m = m(m^{p-1}-1)$$

当 $m$ 是 $p$ 的倍数时，则这个定理就很显然成立了。如果 $m$ 不能被 $p$ 整除，在 $m$ 与 $p$ 互质时，差数 $m^{p-1}-1$ 应该被 $p$ 整除，而费尔马就是这样来叙述这个定理的。"如果 $p$ 是质数，而 $m$ 不能被 $p$ 整除，那么 $m^{p-1}-1$ 能被 $p$ 整除。"

在没证明这个定理之前，我们用具体的数验证一下：

设 $m=2$，当 $p=3$ 时，则 $2^{3-1}-1=3$，这说明 $2^{3-1}-1$ 能被 3 整除；

当 $p=5$ 时，则 $2^{5-1}-1=15$，这说明 $2^{5-1}-1$ 能被 5 整除；

当 $p=7$ 时，则 $2^{7-1}-1=63$，这说明 $2^{7-1}-1$ 能被 7 整除。

再取 $p=11$，13，……，只要是质数，定理都成立，但是取 $p=9$，$2^{9-1}-1=255$ 它不是 9 的倍数，所以定理中 $p$ 为质数是一个重要条件。下面我们再给出这个定理的证明：

**证法 1**：若 $m$ 能被 $p$ 整除，定理显然成立。假设 $m$ 不能被 $p$ 整除，则整数 $m$，$2m$，$3m$，……$(p-1)m$，都不能被 $p$ 整除，并且被 $p$ 除时余数亦皆不相同若 $Km$ 与 $1m$，当 $p-1 \geqslant K >$ 时，$m$ 被 $p$ 除得相同的余数，则其差 $Km-1m=(K-1)m$，即可被 $p$ 整除，但此为不可能，因 $p$ 为质数，$m$ 不为 $p$ 的倍数，且 $K-1<p$，但因被 $p$ 除其余数最多可为 1，2，3……$p-1$ 之 $p-1$ 个数，故

$$m=q_1 p+a_1$$
$$2m=q_2 p+a_2$$
$$3m=q_3 p+a_3$$
$$\cdots\cdots$$

$(p-1)m=q_{p-1} p+a_{p-1}$，

其 $a_1$，$a_2$，$a_3$，……$a_{p-1}$ 为数 1，2，……$p-1$ 之一重新排列。将上述各等全都连起来得

$$[1 \cdot 2 \cdot 3 \cdot \cdots\cdots \cdot (p-1)m^{p-1}]$$
$$=(q_1 p+a_1)(q_2 p+a_2)\cdots\cdots(q_{p-1} p+a_{p-1})$$

右端各二项式之乘积展开为

$$Qp^{p+1}+Sp^{p-2}+\cdots\cdots+p+a_1 \cdot a_2 \cdots\cdots a_{p-1}$$

其中 $Q$、$S$、……均为 $q_1 q_2 \cdots\cdots q_{p-1}$ 的乘积之和，而

$$Qp^{p+1}+Sp^{p-2}+\cdots\cdots+p.$$

每项都是 $P$ 的倍数，所以整个式子也是 $P$ 的倍数，不妨设为

$$Qp^{p-1}+Sp^{p-2}+\cdots\cdots+p=N$$

则原式可表示为

$$[1 \cdot 2 \cdot 3 \cdots\cdots(p-1)m^{p-1}]=Np+a_1 \cdot a_2 \cdot \cdots\cdots \cdot a_{p-1}.$$

又 $a_1 \cdot a_2 \cdots\cdots \cdot a_{p-1}=1 \cdot 2 \cdot 3 \cdot \cdots\cdots \cdot (p-1)$，故 $m^{p-1}-1$ 可被 $p$ 整除。亦 $m^p-m$ 可被 $p$ 整除。

**证法 2:** 我们用数学归纳法也容易给出这个定理的证明。

当 $m=1$ 时,$m^p - 1 = 1 - 1 = 0$ 问题成立。

$$1 \cdot 2 \cdot 3 \cdot \cdots\cdots \cdot (p-1)(m^{p-1}-1) = Np$$

设 $m$ 为任意整数,$m^{p-1}-1$ 能被 $p$ 整除。我们来证明

$$(m+1)^p - (m+1)$$

$$= m^p + Pm^{p-1} + C_p^2 m^{p-2} + C_p^3 m^{p-3} + \cdots\cdots + pm + 1 - m - 1$$

$$= (m^p - m) + pm^{p-1} + C_p^2 m^{p-2} + \cdots\cdots + C_p^{p-2} m^2 + pm$$

但所有的二项式系数

$$C_p^k = \frac{p(p-1)(p-2)\cdots\cdots(p-k+1)}{1 \cdot 2 \cdot 3 \cdots\cdots k}$$

都可以被质数 $p$ 整除,而 $C_p^k$ 又是一个整数,且其分子部分含有因数 $P$,而分母部分却不含有因数 $p$,又因为 $m^p - m$ 能被 $p$ 整除,所以 $(m+1)^p - (m+1)$ 也能被 $p$ 整除。

费尔马在证明了这个定理之后,异常高兴地说:"独犹如浸浴于阳光中"。他所以高兴是因为这个定理在"数论"的研究中,确实有着重大的意义,难怪人们把这个定理称之为费尔马小定理。

## 知识点

### 微积分

微积分(Calculus)是高等数学中研究函数的微分(Differentiation)、积分(Integration)以及有关概念和应用的数学分支。它是数学的一个基础学科。内容主要包括极限、微分学、积分学及其应用。微分学包括求导数的运算,是一套关于变化率的理论。

## 延伸阅读

### 数 论

我们讲述了有关"数论"中的一些历史著名难题,那么"数论"到底是一门什么样的科学呢?它的研究方法和研究的对象又是什么呢?有必要

向读者做简单的介绍。

"数论"就是研究数的科学，而且所说的数都是整数。在广泛的意义上说来，是研究利用整数按一定形式构成的数系的科学。

"数论"的基本问题之一，是研究一个数被另一个数整除的问题，这就是所谓可除性理论。"数论"中的许多新概念、新理论、新方法，不仅在数论中有意义，而且在别的数学分支以及其他科学领域中也有着重要的应用，如"自然数列是无穷的"这一概念对数学的全部发展有着巨大的影响，它反映出物质世界在空间和时间上是无限的客观规律。

"数论"从研究方法上考虑可分为四部分，即初等数论、解析数论、代数数论和几何数论。初等数论不求助于其他数学分支而研究整数的性质，例如已知欧拉恒等式。

$$(a_1^2+a_2^2+a_3^2+a_4^2)(b_1^2+b_2^2+b_3^2+b_4^2)$$

$$=(a_1b_1+a_2b_2+a_3b_3+a_4b_4)^2+(a_1b_2-a_2b_1+a_3b_4-a_4b_3)+(a_3b_3-a_3b_1+a_4b_2-a_2b_4)^2+(a_1b_4-a_4b_1+a_2b_3-a_3b_2)^2$$

可以顺利地证明，对每一个整数 $Q>0$ 都可分解为四个整数平方的和，即

$$Q=x^2+y^2+z^2+u^2$$

其中 $x$，$y$，$z$，$u$ 均为整数，当然这个问题要理解为找不定方程的整数解。

所谓解析数论是用微积分的工具来解决"数论"问题。代数数论是研究代数数的概念，所谓代数数就是方程 $a_0x^n+a_1x^{n-1}+a_2x^{n-2}+\cdots\cdots+a_{n-1}x+a_n=0$ 的根，其中 $a_0$、$a_1$、$a_2$、$\cdots\cdots a_n$ 是整数。几何数论研究的基本对象是"空间格网"，也就是研究坐标系中坐标都是整数的点，结晶学和相关的一些性质，这个问题对几何学和结晶学有着重大的意义。

## 你知道这些奇妙的数学关系吗

### 能被 3、9、11 整除的数

一个整数，判断它能否被 3 和 9 整除，一个简单的办法是：把它的各位数字相加，其和是 3 或 9 的倍数，那么这个数便可以被 3 或 9 整除。如 4782 各位数字之和是 $4+7+8+2=21$，21 能被 3 整除，但不能被 9 整

除，所以各位数字之和是 $7+6+2+8+1+3=27$，可以被 9 整除，这表明它是 9 的倍数。

而判断一个整数能否被 11 整除，就相对难一些了。如果一个整数，它的奇位数字之和与偶位数字之和的差是 11 的倍数，便能被 11 整除，否则便不能被 11 整除。如 198、2573、364925，由 $(1+8)-9=0$；$(5+3)-(2+7)=-1$；$(6+9+5)-(3+4+2)=11$，这说明 198 和 364925 能被 11 整除；而 2573 则不能被 11 整除。如若不信，你不妨试试看。

### 一些神奇的数学关系

大家都知道 $(8+1)^2=81$。如果你留心这些数字的构成关系，自然会再想一想，还有没有类似的情况，比如：$(5+1+2)^3=512$；$(4+9+1+3)^3=4913$；$(5+8+3+2)^3=5832$；$(1+7+5+7+6)^3=17576$；$(1+9+6+8+3)^3=19683$；$(2+4+0+1)^3=2401$；$(2+3+4+2+5+6)^3=234256$；$(3+9+0+6+2+6)^3=390626$；$(6+1+4+6+5+6)^4=614656$。

此外，某些整数的乘积有一些奇妙的性质，如 $86×8=688$，其乘积恰好是把 86 中的 6 和 8 分别放在乘数的前面和后面，只不过是把 86 的先后顺序颠倒一下。$83×41096=3410968$，很容易看出是把 3 和 8 分别放在 41096 的前面和后面。类似 83 这样的数，除去 86 外，还有 71，这些数位显示出神奇的特点。

### 知识点

**整　除**

　　整除就是若整数"$a$"除以大于 0 的整数"$b$"，商为整数，且余数为零。我们就说 $a$ 被 $b$ 整除（或说 $b$ 能整除 $a$），记作 $b/a$，读作"$b$ 整除 $a$"或"$a$ 能被 $b$ 整除"。注意 $a$ 或 $b$ 做除数的其一为 0，则不叫整除。(1) 如果 $a$ 与 $b$ 都能被 $c$ 整除，那么 $a+b$ 与 $a-b$ 也能被 $c$ 整除；(2) 如果 $a$ 能被 $b$ 整除，$c$ 是任意整数，那么积 $ac$ 也能被 $b$ 整除；(3) 如果 $a$ 同时被 $b$ 与 $c$ 整除，并且 $b$ 与 $c$ 互质，那么 $a$ 一定能被积 $bc$ 整除，反过来也成立。

延伸阅读

## 整除的规律

整除规则第一条：任何数都能被 1 整除。

整除规则第二条：个位上是 2、4、6、8、0 的数都能被 2 整除。

整除规则第三条：每一位上数字之和能被 3 整除，那么这个数就能被 3 整除。

整除规则第四条：最后两位能被 4 整除的数，这个数就能被 4 整除。

整除规则第五条：个位上是 0 或 5 的数都能被 5 整除。

整除规则第六条：一个数只要能同时被 2 和 3 整除，那么这个数就能被 6 整除。

整除规则第七条：把个位数字截去，再从余下的数中，减去个位数的 2 倍，差是 7 的倍数，则原数能被 7 整除。

整除规则第八条：最后三位能被 8 整除的数，这个数就能被 8 整除。

整除规则第九条：每一位上数字之和能被 9 整除，那么这个数就能被 9 整除。

整除规则第十条：若一个整数的末位是 0，则这个数能被 10 整除。

除了上述的整除规则外，还有很多整除规则，这里就不赘述了。

# 数学的工具和符号

人类总是那么富有智慧和灵感，在计算机被发明之前，人们是依靠各种计算工具进行复杂的计算；没有计算工具之前，人们又是用自己的四肢或石头、绳子来算数的。人类曾经发明的数学工具有：纳皮尔尺、算盘、规矩、比例规等，人类还发明了很多数学符号，如运算符号、分数线、小数点等，借助符号，数学变得更加简洁明了，发展的速度也更快了。

## 计算和测量的工具有哪些

### 人类早期的计算工具

计算是人类的思维活动，人类初期的计算主要是计数。最早用来帮助计数的工具是人类的四肢或身边的石头、绳子等。中国古语"屈指可数"，就说明了人们常用手指来计算简单的数。

没有文字时，我国古代的人们就用绳子打结的方法来计数，他们还使用小石子等其他工具来计数。例如，他们饲养的羊，早晨放牧到草地里，晚上必须圈到栅栏里。这样，早晨从栅栏里放出来的时候，出来一头就往罐子里扔一块石子；傍晚羊进栅栏时，过去一头就从罐子里拿出一块石子。如果石子全部拿光了就说明羊全部进圈了；如果罐里还剩下石子，说明有羊丢失，必须立刻去寻找。

传说公元前6世纪，波斯国王在一次战争中曾命令一支部队守桥，他把一条打了结的皮带交给留守将士，要他们每守一天，解开一个结，一直

守到皮带上的结全部解完才能退回。

在美国纽约的博物馆里，珍藏着一件从秘鲁出土的古代文物，名叫"基普"，意即打了结的绳子，基普是古人用来计算和记事的。

## 纳皮尔尺

纳皮尔尺是一种能简化计算的工具，又叫纳皮尔计算尺，是由对数的发明人纳皮尔发明的。它由 10 根木条组成，左边第一根木条上刻有数码，右边第一根木条是固定的，其余的都可根据计算的需要进行拼合或调换位置。

纳皮尔尺的计算原理是"格子乘法"。例如，要计算 $934 \times 314$，先画出长宽各 3 格的方格，并画上斜线；在方格上方标上 9、3、4，右方标上 3、1、4；把上方的各个数字与右边各个数字分别相乘，乘得的结果填入格子里；最后，从右下角开始依次把三角形格中的各数字按斜线相加，必要时进位，便得到积 293276。

纳皮尔尺可以用加法和乘法代替多位数的乘法，也可以用除数为一位数的除法和减法代替多位数除法，从而简化了计算。

纳皮尔计算尺只不过是把格子乘法里填格子的任务事先做好而已。需要哪几个数字时，就将刻有这些数位的木条按格子乘法的形式拼合在一起。纳皮尔计算尺也传到过中国，北京故宫博物院里至今还有珍藏品。

## 算盘

算盘是由我国大约在 14 世纪左右发明的，一直以来它都是我国最普遍的计算工具之一，用算盘来计算的方法叫珠算。

中国算盘以其制作简单、价格低廉、运算方便、配以易学易记的珠算口诀等优点，长盛不衰。除了中国，还有一些地区也出现过算盘，但都没有流传下来。15 世纪中期在《鲁班木经中》已有制造算盘的详细介绍。关于珠算，明代吴敬《九章算法比类大全》记载最早，1537 年我国徐心鲁写了一本系统介绍珠算算法的书，1592 的程大位又写了《直指算法统宗》等，这都加快了算盘的推广，使珠算流传到许多国家。国际上曾多次进行计算速度的比赛，在和手摇计算机及电子计算机的对抗赛中，每次加、减法的冠军都是算盘，因此有了电子计算机的今天，人们仍广泛使用算盘。

1980 年，我国又推出一种新颖的电子计算器，它把普通算盘长于加减、电子计算器长于其他的优点融为一体，使古老的算盘焕发了青春。

## 机械计算机和分析机

算盘、对数、计算尺等等，都不能自动连续地进行运算，也不能储存运算结果，运算速度也不够快，因而人们就想制造一种能代替人工并进行快速计算的机器。

1642 年，法国数学家帕斯卡发明了世界上第一台机械计算机。这台计算机是像钟表那样利用齿轮传动来实现进位，计算时要用小钥匙逐个拨动各个数字上的齿轮，计算结果则在带数字小轮的另一个读数孔中显示出来，计算结束后还要逐个恢复 0 位。这台计算机只能做加减法，操作也非常复杂，但在当时是一个了不起的发明，成了计算工具变革的起点。以它为基础，此后人们发明了手摇计算机。

手摇机械计算机及后来的电动计算机，由于四项运算都需要计算人员的亲自操作，使计算速度受到限制。为了克服这一点，英国的数学家查尔斯·巴贝奇花费了几十年的时间，于 1833 年构思了一种分析机。这种分析机用刻有数字的轮子来存储数据，通过齿轮的旋转进行计算，用一级齿轮和械杆构成的装置传送数据，用穿孔卡片输入程序和数据，用穿孔卡片和打印机输出计算结果。由于当时技术条件的局限，巴贝奇耗费了大量资金也没有获得成功，只是搞了一个机器模型，但是他的设想为现代电子计算机的诞生奠定了基础。

## 电子计算机

1946 年在美国的宾夕法尼亚大学，诞生了世界上第一台电子计算机 ENIAC。它是一个占地 170 平方米、重 30 吨的庞然大物，由 18000 个电子管组成，每小时耗电量为 140 千瓦，每秒钟可以进行 5000 次加法运算，它的最重要的特点是能按照人编写的程序自动地进行计算。

从 1946 年至今，经过几十年的发展，电子计算机的运算速度越来越快，复杂程度越来越高，体积越来越小，更新周期越来越短。我国的"银河"巨型计算机的运算速度已达到每秒 1 亿次，比国外的先进计算机的运算速度还要快。就机器本身来说，电子计算机已"进化"到第四代了。

作为一种计算工具，电子计算机和一般计算工具相比，有以下几个特点：

1. 能自动地进行控制，不必人工干预。电子计算机的应用已迅速渗透到人类社会的各个方面。从宇宙飞船、导弹的控制、原子能的研究及人造卫星，到工业生产、企业管理等都不同程度地应用了计算机。

2. 运算速度快。有的能够达到每秒进行十几亿次运算。速度较慢的也能每秒钟进行 10 万次运算。

3. 具有"记忆"和逻辑判断能力。可以记录程序、原始数据和中间结果，还能进行逻缉推理和定理证明。

4. 计算精度高。现代计算机的计算值可达 64 位数。

## 规矩

规和矩发明于中国，是古人用来测量、画圆形和方形的两种工具。"规"就是画圆的圆规；"矩"就是折成直的曲尺，尺上有刻度。古人说的"不以规矩，不能成方圆"，就是这个意思。规矩发明的确切年代已无法查清，但在公元前 15 世纪的甲骨文中已有规、矩二字。汉朝著名的史学家司马迁的《史记》中有这样的记载，夏禹治水的时候，是"左准绳，右规矩"，这说明在夏禹治水的年代（约公元前 2000 年）就有了规和矩这两种工具了。

规矩的作用，对我国古代几何学的发展有着重要的意义。周代数学家商高曾对"用矩之道"作过理论总结："平矩以正绳，偃矩以望高，覆矩以测探，卧矩以知远。"这句话精练地概括了矩的广泛而灵活的用途。

古希腊人研究几何问题时，一般用直尺和圆规这两种工具，这种直尺没有刻度，只能画直线。希腊人作图只能从最基本的工具——直尺和圆规开始，完成尽可能多的几何图形。对用直尺圆规作图的研究，导致了许多数学定理的发现。

## 比例规

比例规又叫扇形圆规，是伽利略在 1597 年左右发明的。这个仪器是由一个框和一头连接在框上能开合的两角尺共同构成，每把尺上都有刻度。

比例规的原理很简单，伽利略用相似三角形的性质（即相似三角形的对应线段成比例），可以解决许多问题，如：

1. 分已知线段为五个相等的部分；

2. 变理绘图的比例；

3. 在绘图中，从圈里的已知量 $a$、$b$、$c$ 求第四比例量，即求 $X$，使 $a : c = c : x$；

4. 如果以数的平方在一个角尺上作刻度，便可以求数的平方和平方根；

5. 如以数的立方在一个角尺上作刻度，便可以求数的立方与立方数；

6. 比例规还可以作为量角器具。

比例规既是几何作图工具，又可以用于实际测量和绘图，它在 17 世纪的欧洲很流行，并被人们通用 200 多年。它问世不久，就传入了中国。1630 年罗雅谷在中国写了《比例规解》一书，介绍比例规的用法。此后，中国数学家的著作中就常有关于比例规的论述。

## 知识点

### 伽利略

意大利物理学家、天文学家和哲学家，近代实验科学的先驱者。其成就包括改进望远镜和其所带来的天文观测，以及支持哥白尼的日心说。当时，人们争相传颂："哥伦布发现了新大陆，伽利略发现了新宇宙"。今天，史蒂芬·霍金说，"自然科学的诞生要归功于伽利略，他这方面的功劳大概无人能及"。

### 延伸阅读

### 对数的神奇力量

通常，人们公认苏格兰的纳皮尔公爵是对数的发明人。恩格斯曾把笛卡尔的坐标、纳皮尔的对数、莱布尼兹与牛顿的微积分共同称为 17 世纪数

学的三大发明。著名的数学家和天文学家拉普拉斯曾说："对数，可以缩短计算时间，在实效上等于天文学家的寿命延长了许多倍。"

先看两个数列：0、1、2、3、4、5、6、7、8、9、10、11……1、2、4、8、16、32、64、128、256、512、1024、2048……如果计算第二行中两个数的积，只要在第一行中找到相应的两个数，这两个数的和所对应的第二行中的数就是所求的积。如果求 $16 \times 128$，可以通过这张表直接得出 16 对应 4，128 对应 7，4＋7＝11，11 对应的是 2048，这就是 16 和 128 的积。纳皮尔发明的对数理论结构也与此相同，不过，当初他建立对数的概念与现在的对数概念还不完全一样。

有了对数，乘方、开方运算可以转化为乘法、除法运算；而乘、除法运算又可以转化为加、减法运算。高一级的数学运算转化为低一级的数学运算，这正是对数方法能够化繁为简的奥妙，也是对数方法的力量所在。

## 常用的数学表有哪些

### 古老的数学表

中学数学课上，计算时常常要用一些数学表：平方表、立方表、三角函数表……有了数学表，可以直接查表得到结果，大大方便了计算。这些数学表是在长期的逐步积累中发展、完善的。

在靠近幼发拉底河的古代巴比伦的庙宇图书馆遗址中曾挖掘出大量的泥土板，上面用楔形文字刻着乘法表、加法表、平方表、倒数表和平方根表等，这些都是人类最古老的数字表。中国历史上最早的数学表是"乘法九九表"，九九表在我国很早就已经普遍被人们掌握了。在我国敦煌等出土的西汉竹简上，记载着不完整的九九表。例如，敦煌的汉简中的九九表共十三句，即九九八十一；八八六十四；五七三十五；八九七十二；七八五十六；四七二十八；五五二十五；七九六十三；六八四十八；三七二十一；四五二十；五八四十；三五一十五。

九九表的特点：

1. 九九表一般只用一到九这 9 个数字。

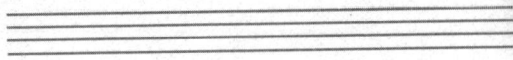

2. 九九表包含乘法的可交换性，因此只需要八九七十二，不需要"九八七十二"，9乘9有81组积，九九表只需要 $1+2+3+4+5+6+7+8+9=45$ 项积。明代珠算也有采用81组积的九九表。45项的九九表称为小九九，81项的九九表称为大九九。

3. 古代世界最短的乘法表。玛雅乘法表须190项，巴比伦乘法表须1770项，埃及、希腊、罗马、印度等国的乘法表须无穷多项；九九表只需45/81项。

4. 朗读时有节奏，便于记忆全表。

5. 九九表存在了至少三千多年。从春秋战国时代就用在筹算中运算，到明代则改良并用在算盘上。现在，九九表也是小学算术的基本功。

6. 另一个九：

| | |
|---|---|
| $9 \times 9 = 81$ | $8 + 1 = 9$ |
| $9 \times 8 = 72$ | $7 + 2 = 9$ |
| $9 \times 7 = 63$ | $6 + 3 = 9$ |
| …… | |
| …… | |
| $9 \times 2 = 18$ | $1 + 8 = 9$ |
| $9 \times 1 = 9$ | $0 + 9 = 9$ |

今天，人们可以用电子计算器来代替许多数学表，但在很多情况下，人们还在使用九九表，因为它很方便易学，也很实用。

乘法口诀表

| | | | | | | | | |
|---|---|---|---|---|---|---|---|---|
| 1×1=1 | | | | | | | | |
| 1×2=2 | 2×2=4 | | | | | | | |
| 2×1=2 | 2×2=4 | | | | | | | |
| 1×3=3 | 2×3=6 | 3×3=9 | | | | | | |
| 3×1=3 | 3×2=6 | 3×3=9 | | | | | | |
| 1×4=4 | 2×4=8 | 3×4=12 | 4×4=16 | | | | | |
| 4×1=4 | 4×2=8 | 4×3=12 | 4×4=16 | | | | | |
| 1×5=5 | 2×5=10 | 3×5=15 | 4×5=20 | 5×5=25 | | | | |
| 5×1=5 | 5×2=10 | 5×3=15 | 5×4=20 | 5×5=25 | | | | |
| 1×6=6 | 2×6=12 | 3×6=18 | 4×6=24 | 5×6=30 | 6×6=36 | | | |
| 6×1=6 | 6×2=12 | 6×3=18 | 6×4=24 | 6×5=30 | 6×6=36 | | | |
| 1×7=7 | 2×7=14 | 3×7=21 | 4×7=28 | 5×7=35 | 6×7=42 | 7×7=49 | | |
| 7×1=7 | 7×2=14 | 7×3=21 | 7×4=28 | 7×5=35 | 7×6=42 | 7×7=49 | | |
| 1×8=8 | 2×8=16 | 3×8=24 | 4×8=32 | 5×8=40 | 6×8=48 | 7×8=56 | 8×8=64 | |
| 8×1=8 | 8×2=16 | 8×3=24 | 8×4=32 | 8×5=40 | 8×6=48 | 8×7=56 | 8×8=64 | |
| 1×9=9 | 2×9=18 | 3×9=27 | 4×9=36 | 5×9=45 | 6×9=54 | 7×9=63 | 8×9=72 | 9×9=81 |
| 9×1=9 | 9×2=18 | 9×3=27 | 9×4=36 | 9×5=45 | 9×6=54 | 9×7=63 | 9×8=72 | 9×9=81 |

九九乘法表

### 最早的三角函数表

最早的三角函数表是公元 2 世纪的天文学家托勒密编制的。古希腊人在天文观测过程中，已经认识到三角形的边之间具有某种关系。到了托勒密的时代，人们在天文学的研究中发现有必要精确确定这些关系的规则。托勒密继承了前人的工作成果，并加以整理和发展，汇编了《天文集》一书。书中就包括了我们目前发现的最早的三角函数表。不过，这张表和我们现在使用的三角函数表大不相同。

托勒密只研究了"角和弦"，他所谓的弦就是在固定的圆内，圆心角所对弦的长度。$2X$ 的弦（即角 $2X$ 所对弦的长度）是 $AB$，它是我们现在所说的 sin（即 $AC/OA$，我们把圆的半径定为单位长，所以 $OA=1$）的 2 倍：$1/2$ 角的弦 $2\alpha = \sin\alpha$。托勒密在《天文集》中，编制了以 $(1/2)°$ 范围间隔的从 $0°$ 到 $180°$ 之间所有角度的弦表，因此，它其实是现实意义下的以 $(1/4)°$ 为间隔的 $0°$ 到 $90°$ 的正弦函数表。

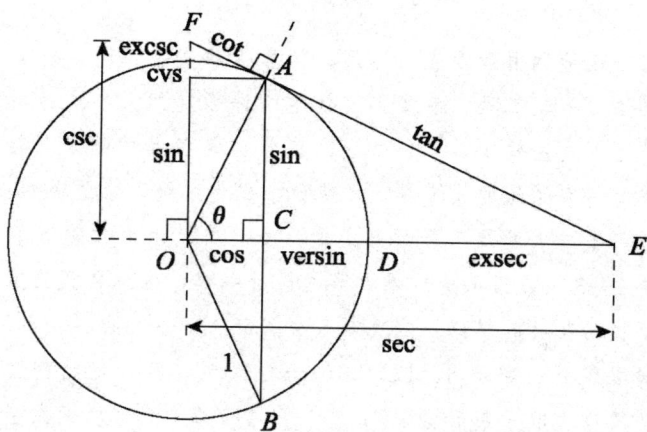

三角函数

今天我们研究的三角函数表里包括四种基本的三角函数：正弦、余弦、正切、余切。三角函数及其应用的研究，现在已成为一个重要的数学分支——三角函数，它是现代数学的基础知识之一。

## 三角函数

三角函数（Trigonometric）是数学中属于初等函数中的超越函数的一类函数。它们的本质是任意角的集合与一个比值的集合的变量之间的映射。通常的三角函数是在平面直角坐标系中定义的，其定义域为整个实数域。

**⋯⋯➤ 延伸阅读**

### 数学中的逻辑方法

数学家广泛地运用数学表、标尺、计算机等实物工具外，更常使用的就是逻辑方法——软工具。事实上，数学的许多定律、公式乃至科学分支学科，都是运用这些软工具获得的。几何学就是演绎的结果。其实，正是因为数学家有一套系统的软工具，才使数学成为系统，最严密的一门科学。

有这样一个二人游戏：桌面上放着一堆火柴，由两人轮流从这堆火柴里每次取走 1—3 根，谁取走这堆火柴的最后一根，谁就是获胜者。要想取胜，就必须找出获胜的规律。依次对 5 根、6 根……火柴实验，可以发现，只要在某次取后分别留下 8、12、20……根火柴，就一定能获胜，获胜的规律就是必须每次取火柴后留下 $4n$（$n = 0, 1, 2, \cdots\cdots$）根火柴，一定会获胜。

拿火柴的一般获胜方法是个别的，从简单的情况出发，通过实验得出结论，然后再总结出一个一般性的结论，这种方法就叫归纳法，它是人类认识客观法则的重要方法。归纳法是数学中的一个重要方法，除归纳法之外，还有演绎法、综合法、模拟法、分析法等，它们统称逻辑方法。

## 常用的数学符号有哪些

学习数学，是从学习数学符号开始的。在历史上，从 0 到 9 这 10 个阿拉伯数字符号被引入数学以后，曾引起了一场数学革命。

法国数学家韦达是第一个将符号引入数学的人，他的代数著作《分析术新论》是一部最早的符号代数著作。不过，现在的数学符号体系主要采取的是笛卡尔使用的符号，他提出用 26 个英文字母中的最后字母 $X$、$Y$、$Z$ 表示已知数等等。借助于符号，数学就变得简洁明了，使用方便，而数学本身的发展也加快了。

数学符号一般有以下几种：

1. 数量符号：如 2/5，3，1.424242……，$3+2i$，$e$，$x$，$\infty$ 等等。

2. 运算符号：如加减乘除（＋，－，×，÷），根号（$\sqrt{\ }$），比（：）等。

3. 关系符号：如"＝"是相等符号，"≈"是近似符号，"≠"是不等号。

4. 结合符号：如圆括号（ ），方括号〔 〕。

5. 性质符号：正负号（±），绝对值符号（| |）。

6. 略省符号：如△表示三角形，因为（∵），所以（∴），总和（∑）等。

### 运算符号的由来

四则运算的各种符号是从 15 世纪才开始逐渐使用的。加号"＋"和减号"－"是 15 世纪德国数学家魏德曼首创的。他用一条横线与一条竖线合并在一起来表示合并（增加），把从加号"＋"中去掉一竖来表示拿去（减少）的意思。乘号"×"是 17 世纪英国数学家欧德莱最先使用的，因为乘法是一种特殊的加法，因此他把加号斜过来写，表示乘。德国数学家莱布尼北认为乘号"×"容易与"$x$"相混，主张用"·"做乘号，但"·"又容易与小数点相混，故现在一般规定，在数字之间用乘号"×"，如 5×6；在文字之间用"·"，如 $a \cdot b$。除号"÷"是 17 世纪瑞士人拉恩创造的，他用一道横线把两个圆点分开来表示分解的意思。而莱布尼兹主张用"："来做除号，与当时流行的比号一致，因此有的国家现在的除号和比号都用"："表示。

等于号"＝"是 16 世纪英国皇家法庭的医生罗伯特·雷科达首创的，小括号（）是 17 世纪荷兰人吉拉特首创的，中括号〔〕是在 17 世纪瓦里士的著作中首次发现，大括号｛｝是 16 世纪创造并运用于数学中的，大于号＞和小于号＜则是 17 世纪由哈利阿创造的。

## 分数线

现在表示分数，是用一条分数线"—"将分子和分母分开，分子写在分数线的上面，分母写在分数线的下面。如果是带分数的话，就把整数部分写在分数线左边，例如：3/5，1/2，59/8 等等，但在分数刚刚被人类认识的时候，它却不是这样表示的。

分数的记法，在我国的运算中是作为除法运算出现的，例如：带分数 30950/483。印度人对分数的记法对世界影响很大，他们把分子记在上面，分母记在下面，带分数的整数部分排在最上面，例如：1/3 写成 13，26/7 写成 267。

最后，阿拉伯人创造了分数线，用一根横线把分子、分母隔开，形成了现代分数的形式。分数线和许多其他符号一样，诞生后没有马上被大家采用，而是逐步被接受的。

## 知识点

### 笛卡尔

勒内·笛卡尔（Rene Descartes，1596—1650），著名的法国哲学家、科学家和数学家。笛卡尔常做笛卡儿，1596 年 3 月 31 日生于法国安德尔卢瓦尔省，笛卡尔 1650 年 2 月 11 日逝世于瑞典斯德哥尔摩。他对现代数学的发展作出了重要的贡献，因将几何坐标体系公式化而被认为是解析几何之父。

延伸阅读

## 小数点

最早的小数点记法是在 16 世纪德国数学家克拉维斯的著作中出现的，他使用的小数点"·"则是近 300 年的事。

在南宋大数学家秦九韶的著作《数学九章》，出现了十进小数的现代记法。例如，他在记 324506.25 时，用"余"字明确表示该数以后都是小数部分，"余"字就相当于现在的小数点。西方人把十进小数的发明都归功于 16 世纪的比利时数学家蒂文，他引进的十进小数符号是比较复杂的。例如，他把 5.912 写成：5.9①①②2③。

后来，有些西方人也这样记 5.912 或者 5，9′1″2。他们用"，"表示小数点，用"①、②、③"或"′、″"表示小数点后第一、二、三位小数。

# 你不知道的数字

你关注宇宙吗？天上的星星、太阳，还有我们生活的地球。用一架天文望远镜仔细看看吧，这些数字会令你大吃一惊！你关注自然界吗？水、种子和树。细细数数，你会有惊人的发现！

生物界里也有你不知道的数字，益鸟、蜜蜂、跳蚤和蜻蜓都会令你咋舌！我们的生活中，你不知道的数字会更多！

## 知道宇宙里的这些数字吗

### 太阳的数字

太阳的半径将近 70 万公里，即使是跑得最快的光（每秒 30 万公里）从它中心到表面也得花 2 秒钟。体积有 130 万个地球那么大。太阳的质量为 200 亿亿吨，是地球的 33 万倍，占整个太阳系的 99.8%。太阳内部温度大约 1 500 万℃，表面温度达 6 000℃。太阳对地球的引力达 350 000 亿亿吨重，这样大的引力可以一下子把 2 万根直径 5 米的粗钢缆拉断！太阳每秒钟释放出来的能量达 38 260 000 亿亿千瓦或者 50 000 000 亿亿马力。据计算，太阳每年辐射到地球上的能量只有它全部的 22 亿分之一。如果人类能把投射到地球的太阳能的千分之一或万分之一利用起来，地球上就不会产生能源危机了。太阳在宇宙中诞生已快 50 亿年，这仅走过了它有生旅程的百分之五，它还要工作 950 亿年才能退休。

## 星星的秘密

远在几千年前，古希腊人便开始数星星的工作了。当时著名的天文学家希帕恰斯发现天上的星星有明有暗，于是他便按星星的明暗程度把它们分为不同的等级，共划分了六等。后来人们发现，一等星以上的亮星共有 20 颗，二等有 46 颗，三等有 146 颗，四等有 418 颗，五等

哈勃天文望远镜

有 1 476 颗，六等有 4 840 颗。肉眼所能看见的天空里的星星不过 6 000 多颗，由于我们生活在地球上，晚上只能看到半个天球，一半天球的星星在地平线以下，所以我们一个晚上所能看到的星星不超过 3 000 多颗。后来，天文望远镜的发明使人们通过这双"千里眼"，可以看到比六等星更暗的星星。根据观测和计算，银河系里大约有 2 000 亿颗星星，而银河系这样巨大的星系有 4 亿个，这仅仅是我们能观测得到的。而每个这样的星系中恒星的数目均为 1 000 亿颗！

## 有关地球的数字

地球的体积正缓慢膨胀，直径的增长率约为每年 0.5 毫米。地球上每天来自大气圈外的陨石碎片约 6 吨，陨石燃烧的灰尘约 0.8 吨。地球上每年约发生地震上百万次，其中破坏力强的 10 次左右。地球生物圈大气层的厚度约为 2 500 米，其中含氮 78％、氧 21％、氢 1‰，还有水蒸汽、地氧化碳和其它气体。地球与太阳的距离是 14 950 万公里。地球与月亮的平均距离是 3 844 万公里。赤道半径 6 378 公里。极半径 6 357 公里。平均半径 6 371 公里。赤道周长 40 075 公里。地球公转一周 365 日 5 时 48 分 46 秒。地球的体积 11 000 亿立方公里。地球的表面积 510 500 000 平方公里。地球的陆地面积 149 500 000 平方公里。地球的海洋面积 361 000 000 平方公里。

奇妙的数学问答

## 天文望远镜

　　天文望远镜是收集天体辐射并能确定辐射源方向的天文观测装置，通常指有聚光和成像功能的天文光学望远镜。天文望远镜（Astronomical Telescope）是观测天体的重要手段，可以毫不夸大地说，没有望远镜的诞生和发展，就没有现代天文学。随着望远镜在各方面性能的改进和提高，天文学也正经历着巨大的飞跃，迅速推进着人类对宇宙的认识。

→→→ **延伸阅读**

## 关于月球

　　人类登月距今已有40年，回顾人类探月历程，其中发现了许多有趣的现象。地球和月球分别在自己的轨道上运行，但月亮正在以极其缓慢的速度"逃逸"地球——每年挪移3.8厘米。现在，月球离地球有238 000公里之远，但在它成型初期，两者之间的距离只有14 000公里。照此"逃逸"趋势发展下去，当月球离我们越来越远，其引力的减弱将削弱地球上的潮汐现象，我们也可能难再见到正宗的日全食——不过这一过程要经历数十亿年。阿波罗计划的宇航员在执行月球任务的340个工作时，累计采集了约840磅重的月球岩石和碎片。由于月球没有大气层，所以不能像地球一样在夜间保存住部分白天的温度。如果在月球表面深挖1米，里面的温度始终保持在零下31华氏度左右。

## 知道自然界的这些数据吗

### 关于水的数字

数字一般是枯燥的，但有时没有它却又很难直观地说明问题。下面是一组与水有关的数字：一个人在一年之中，仅仅维持其营养，就平均需要30吨左右的饮料和水；而为了满足其他生活需要，一个人至少需要150吨水。可见，一个人一年总共需要180吨水！

炼一吨钢要200吨水，生产1吨纸要200吨～500吨水，发1 000度电要用350吨水，生产1吨化学纤维需水1 200吨～1 800吨，1吨谷物需水4 500吨，1吨甘蔗需水1 800吨，1吨肉类食品需水31 500吨。一个100万人口的工业城市，每天至少用水130吨，其中生活用水50万吨，工业农业生产用水80万吨。每人每天饮用水1.22升，呼吸入水0.13升，皮肤入水0.09升，食物中水0.72升。

### 种子的寿命

各种种子的寿命都是不一样的。沙漠里的棱树种子，只要有一点儿水，在2小时—3小时之内就能发芽，但只能活1—8个小时。可可、甘蔗的种子，离开母体后最多能活十几周。白杨和柳树的种子，最多也只能活上八个星期。热带和亚热带植物的种子，一般都是"短命"的。

我国在辽宁新金泡子屯的泥炭层里挖出的古代莲子，科学测定这些在地下睡了835—995年的莲子还有生命力。1967年，加拿大报导北美育肯河中心地区的旅鼠洞中，发现了20多粒北极羽扁豆的种子。这些种子深埋在冻土层里，经碳十四同位素测定，它们的寿命至少有10 000年。在播种试验时，其中有6粒种子发芽，并长成了植株，它们是迄今为止世界上寿命最长的种子。

### 关于树的数字

澳洲的杏红桉树是世界上最高的树。杏红桉树一般都高过100米，其中有一株，高达 156 米，树干直插云霄，有 50 层楼那么高。生长在墨西哥南瓦哈卡山谷的一棵巨型红杉是世界上最粗的树，至今已有两千多年的历史，其树干周长 42 米、体积 705 立方米、根深 500 米，每天喝水 5 万公升，26 个印第安农民手拉手才能将大树围起来。加拉国的榕树是世界上树冠最大的树，它可以覆盖 50 亩左右的土地，有一个半足球场那么大，当地人还在一棵老的孟加拉国榕树下开办了一个人来人往、熙熙攘攘的市场。美国加利福尼亚的巨杉是树木中的"巨人"，其中最高的一棵有 142 米高、直径有 12 米、树干周围为 37 米，需要二十来个成年人才能抱住它，它几乎上下一样粗，已经活了 3 500 年以上了。生长在美洲厄瓜多尔热带森林里的巴尔萨树，世界上最轻的木材，这种木材干燥后比重只有 0.1。而世界上最重的木材产生于南非，叫樟木墩果，比重为 1.49，每立方米重达 1 490 公斤。

## 知识点

### 碳十四同位素

自然界中碳元素有三种同位素，即稳定同位素 12C、13C 和放射性同位素 14C。14C 由美国科学家马丁·卡门与同事塞缪尔·鲁宾于 1940 年发现。14C 的半衰期为 5730 年，14C 的应用主要有两个方面：一是在考古学中测定生物死亡年代，即放射性测年法；二是以 14C 标记化合物为示踪剂，探索化学和生命科学中的微观运动。

### 延伸阅读

### 环境的瞬息万变

全世界在每分种内都会发生很大的变化，这些变化同我们人类的存在也是息息相关的。全世界每分钟森林消失 21 公顷，每年消失 1 100 万顷；全世界每分钟毁坏耕地 40 公顷，每年毁坏 2 100 万顷；全世界每分钟沙漠

化土地 11.4 公顷，每年沙漠化 600 万公顷。全世界每分钟 700 吨泥沙流入大海，每年总计有 250 亿吨泥沙流入大海；全世界每分钟有 8 500 吨污水排入江河湖海，全年有 4 500 亿吨污水入海。全世界每分钟有 28 人由于水污染环境而死亡，每年死于环境污染的有 1 500 万人。

看了这些数字后会不会让你感到惊讶。如果我们再不采取行动保护我们赖以生存的"家园"，总有一天人类会毁灭在自己手里。

## 知道这些生物数字吗

### 益鸟捕害虫的数字

许多鸟类都是我们的好朋友，它们每天都在辛勤地"工作"着，为我们生活的环境造福除"害"。下面就是它们的丰功伟绩：

一只大山雀半个月育雏期间可食 2 000 只害虫；一窝燕雏一天要吃 540 多只蝗虫；一只燕子整个夏天要捕食 50 万至 100 万只苍蝇、蚊子或蚜虫；一只小巧的戴菊鸟一天也要吃掉 1 000 个蚂蚁卵；一只猫头鹰一个夏季可吃掉 1 000 只田鼠或其他鼠，而一只田鼠一个夏天至少要糟蹋 1 公斤作物或粮食，所以一只猫头鹰一个夏天便可保护 1 000 公斤粮食。

这些不起眼的小动物能为人类和自然界作出如此巨大的贡献，真是功不可没啊！所以，我们更应该保护这些益鸟，而不要伤害它们。

### 关于昆虫的数字

蜜蜂酿蜜其难。蜜蜂酿蜜 1 公斤，要飞行 45 万公里。一只蜜蜂要酿造 1 公斤蜜，必须在一百万朵花上采集"原料"，并在花丛与蜂房之间来回飞行 15 万次。假如采蜜的花丛到蜂房的平均距离为 1.5 公里，那么蜜蜂采集 1 公斤蜜就得飞上 45 万公里，差不多等于绕地球赤道飞行 11 圈，由此可见其酿蜜之难。

跳蚤跳跃的高度。1904 年，美国人进行了一次试验，他们让跳蚤自由跳跃，发现一只跳蚤跳的最远距离为 33 厘米，跳得最高的跳了 19.69 厘米，这个高度相当于它身体高度的 130 倍。如果一个身高 1.70 米的人，能

蜜蜂酿蜜

像跳蚤那样跳跃的话，可以跳跃221米高，70层的楼房，他也可以一跃而上，毫不费力。

蜻蜓的远距离飞行。每年夏天，成群结队的蜻蜓从英国飞越多佛尔海峡，到法国去"旅行"一番，行程有上百公里。还有一种暗绿色的、身体只有3厘米—4厘米的海蜻蜓，每年8月从赤道附近飞到日本，这个距离至少有3 000公里，多的有4 000公里，这是已知的昆虫飞行距离最远的记录。

## 生命的一些有趣数字

世界上有各种生命125万种，其中三分之二是动物，其余为植物和微生物。

细胞一般很小，如果将其首尾相联，约100万个才有一毫米长，而原子如果排出一毫米则需400万个。

一只蜜蜂每天最多只能酿出0.15克的蜜，而这需要吮吸5 000朵花蕊中的花粉。酿造1公斤蜜约需3 300多万朵花蕊。蜜蜂酿蜜自然是为自己贮备食物，一蜂箱的蜜蜂每年消耗的蜜就达250公斤。

一片50多尺宽的叶子（如果有的话）产生的淀粉会足以供一个人一年的需要，而要有16尺宽的叶子，一个人就可保证得到足够的氧气。

人的头发寿命只有几年，在我们的头上只有85％的头发是活的，其余是停止生长的，或者说是死的。

世界上最大的动物不是鲸，而是水母，最大的水母有半个足球场大，不过只有5％是组织材料，其余都是水。

世界上最重的动物蓝鲸体长可达35米，足以吞下一只大牛，但在水中的速度并不快，每小时只能前进24公里，其尾部摆动产生的推力达到500马力以上。

## 知识点

### 跳　蚤

跳蚤是小型、无翅、善跳跃的寄生性昆虫，成虫通常生活在哺乳类身上，少数在鸟类。触角粗短，口器锐利，用于吸吮，腹部宽大，有9节，后腿发达、粗壮，完全变态昆虫，蛹被茧所包住，身上有许多倒长着的硬毛，可帮助它在寄主动物的毛内行动。

## ➤➤➤ 延伸阅读

### 跳蚤的外壳

跳蚤的外壳，最具对生命的保护能力，可以承受比体重大90倍的重量！有一种说法，人的身体如果有了如同跳蚤身体一样的外壳，而不是如今的皮肉，那么人可以从1 000米的高空摔跌到硬地而安然无恙，也可以承受1 000公斤的重物、自1 000米高坠下的重压。

## 知道人类生活的数据吗

### 人体的有趣数据

人脑中血管纵横交错，总长度可达12万米以上；大脑能容纳大量信息，几乎相当于10亿册书的信息容量；在一秒钟之内，我们的大脑将有超过10万种不同的化学反应在进行，这些化学反应令我们产生思想、情绪及动作。人体中水的重量约占65％，其余为蛋白质、矿物质等固体；人体24小时内释放的热量可以燃沸15公斤冷水；人体共有266块骨头，约占人体体重的1/5至1/10左右；每人一生中平均脱落的皮肤，其总重量可超过

227公斤。

人体内的红血球，平均寿命为 4 个月，这期间它在人体内所走过的行程约为 1 600 公里。一个健康正常人的眼睛可以看到和分辨出 700 万种深浅层次不同的颜色。人体内的神经网，如果将它们全部拉成直线并连接起来，长度可达 72.4 公里。

我们的 10 根手指根本没有肌肉。每天大约有 14 立方米的空气通过我们的气管，这些气体可充 300 多个大型气球。人眼很敏锐，在没有月亮的黑夜，站在高处可看到 80 公里以外燃烧的火柴光。人微笑时，牵动 17 条脸部肌肉，而皱眉则要牵动肌肉 43 条。

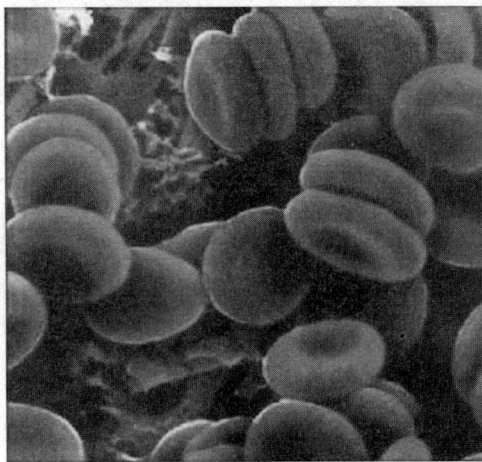
电子显微镜下的红血球

## 中国一天的消费

我国大陆人口现有 13 亿多，每天城乡消费总额在 21.1 亿元以上，每天消费粮食 74 万吨以上，相当于一个粮食基地县的全年总产量；消费猪肉 4.7 万吨以上，即每天屠宰生猪 100 万头以上；食用植物油 1.7 万吨以上，即每天要吃掉 55.5 万亩油菜所产的油；消费糖 1.6 万吨以上，即每天要吃掉 4.8 万亩甘蔗地所产的糖；鲜蛋 1 870 万公斤，即每天要吃掉 18.6 万只良种卵用鸡全年的产蛋；水产品 1 955 万公斤，近于云南省水产品一年产量的一半；卷烟 2.2 亿盒，把这些烟三盒为一迭排成直线，长约 6 266.6 公里，比我国东西之间的国土宽度（乌苏里江口——乌孜别克山口）还要长 1 200 多公里；酒 3.6 万吨，全年累计喝掉的酒可以装满 1.5 个杭州西湖；生活用布 3.6 万千米，几乎可以绕赤道一圈；煤 60 万吨以上，相当于一个在中型矿井的全年煤产量；购买报纸 5 000 万份，约需 400 多辆中型载货汽车才能装载。

## 围棋的变化多端

围棋是由 181 个黑子和 180 个白子组成。棋盘是由纵横 19 路的 361 个交叉点组成。围棋盘上的每个交叉点都有可能出现黑子、白子或空着不放棋子的可能，即一个交叉点有黑、白、空三种变化可能。2 个交叉点就有 3

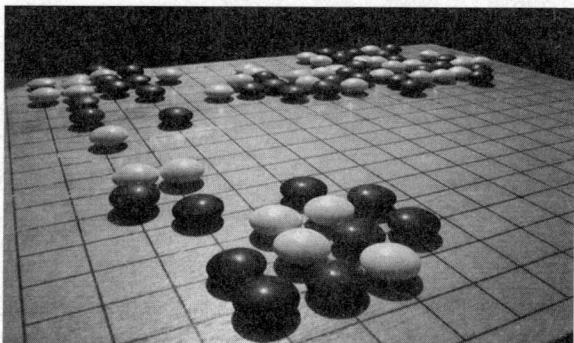

围棋的棋子和棋盘

的 2 次方变化的可能，361 个交叉点就有 3 的 361 次方变化的可能。

围棋变化的概数是 173 位数的正整数，用现代数学的写法是 $1\times10$ 的 172 次方，这是一个大得惊人的数字。如果用世界上最先进的电子计算机计算，我们假定计算机每秒钟计算 1 亿次，那么 1 个月可计算 259 000 亿次；1 年估计可计算 10 的 17 次方；1 万年可计算 10 的 21 次方；1 亿年可计算 10 的 25 次方。要完成 10 的 172 次方的变化，该需要多少时间呢？

## 知识点

### 红血球

红细胞也称红血球，在常规化验英文常缩写成 RBC，是血液中数量最多的一种血细胞，同时也是脊椎动物体内通过血液运送氧气的最主要的媒介，同时还具有免疫功能。成熟的红细胞是无核的，这意味着它们失去了 DNA。红细胞也没有线粒体，它们通过葡萄糖合成能量。

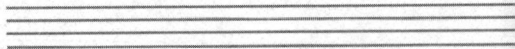

### 国际象棋

国际象棋，又称欧洲象棋或西洋棋（港澳台地区多采用此说法），是一种二人对弈的战略棋盘游戏。国际象棋棋盘是个正方形，由横纵各 8 格、颜色一深一浅交错排列的 64 个小方格组成。深色格称黑格，浅色格称白格，棋子就放在这些格子中移动，右下角是白格。棋子共 32 个，分为黑白两组，由对弈双方各执一组，多用木或塑胶制成，也有用石块制作；较为精美的石头、玻璃（水晶）或金属制的棋子常用作装饰摆设。国际象棋是世界上最受欢迎的游戏之一，数以亿计的人们以各种方式下国际象棋。对弈双方的兵种是一样的，分为六种：王、后、车、象、马、兵。

# 千"形"万状

世上的事物千"形"万状，也正是在"形"的下面暗藏着很多数学奥秘。生活中，无处不在的"对称"；常见的各种堆垛，因物不同所以形也各异；彩虹般的拱桥、抄近道的几何学；要把一张准确的世界地图贴在圆圆的地球仪上，有没有什么好办法？数学家高斯如何解决了分圆问题？想知道吗，耐心地读下去吧！

## 如何堆垛有学问

我们在码头、堆栈和仓库等堆物处，常可见到各种堆垛，形因物而各具规律，整齐而便于检点，计数时常有简便的方法。研究堆垛的计数和求积，在数学上叫做堆垛问题。

水泥管或圆木等物体常堆放成三角或梯形垛，这种堆法不但牢固且占地面积小，方便计算，其求和公式为 $S = 1/2 \times$（底层个数＋顶层个数）×层数。

棉纺厂准备车间生产的筒子，常堆成正方堆垛，底层是正方形，以上逐层每边减少 1 个，顶层是一个，总和计算公式为 $S = 1.2 + 2.2 + 3.2 + \cdots + (n-1) 2 + n2$（$n$ 为层数）。

工厂生产的木箱，有的堆成长方堆垛。设其顶层为 1 个，长为 $M$ 个，以下逐层宽、长各多 1 个，底层宽 $N$ 个，则长为 $M + (N1)$ 个，求和公式为 $S = 1/6N (N+1) (2N+3M-2)$。

食品商店橱窗摆设圆柱形罐头，有时堆成六角堆垛，顶层一个，以下各层是正六边形，逐层每边多一个。如果设底层每边有 $N$ 个，共 $N$ 层，其求和公式为 $S = N3$。

堆垛种种，形状不一，各具规律，其总数大多可由级数求和公式得到。当层数较多时，应用公式就大为方便了。

## 知识点

### 级 数

级数理论是分析学的一个分支，它与另一个分支微积分学一起作为基础知识和工具出现在其余各分支中。二者共同以极限为基本工具，分别从离散与连续两个方面，结合起来研究分析学的对象，即变量之间的依赖关系——函数。

## 延伸阅读

### 其他堆垛方式

| 序号 | 垛形 | 堆码方式说明 | 特点 |
|---|---|---|---|
| 1 | 重叠式堆码 | 是逐件逐层向上重叠码高，是机械作业的主要形式之一，适用硬质整齐的物资包装。 | 工人操作速度快，承载能力大，容易发生塌垛。货物量小时稳定性好，装卸操作省力。 |
| 2 | 压缝式堆码 | 将垛底的底层排列成正方形或长方形，上层起压缝堆码，每件物品压住下层的两件货物。 | 能较大限度节省空间，方便操作。适用于卷板、钢带、卷筒纸、卧放的桶装物资等，稳定性能好。 |

| 序号 | 垛形 | 堆码方式说明 | 特 点 |
|---|---|---|---|
| 3 | 纵横交错式堆码 | 相邻两层货物的摆放旋转90°角，一层成横向放置，另一层成纵向放置，纵横交错堆码。 | 有咬合效果，但是稳定性的强度不高。适合自动装盘操作，这种方法较为稳定，但操作不便。 |
| 4 | 正反交错式堆码 | 同一层种，不同列的货物以90度垂直码放，相邻两层的货物码放形式是另一层旋转180度的形式。 | 不同层间咬合强度较高，稳定性高，操作麻烦，且包装体之间相互挤压，下部容易压坏。 |

## 对称带来了什么

闹钟、飞机、电扇、屋架等的功能、属性完全不同，但它们的形状却有一个共同特性——对称。在闹钟、屋架、飞机等图形中，可以找到一条线，线两端的图形是完全一样的，也就是说，当这条线的一边绕这条线旋转180°后，与另一边完全重合。在数学上把具有这种性质的图形叫做轴对称图形，但电扇的一个叶子不是轴对称图形，电扇的一个叶如果绕电扇中心旋转180°后，会与另一个扇叶原来所在位置完全重合，这种图形数学上称为中心对称图形。所有轴对称和中心对称图形统称为对称图形。

对称的应用

人们把闹钟、飞机、电扇制造成对称形状不仅是美观，而且还有一定

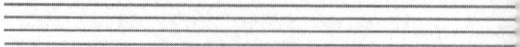

的科学道理：闹钟的对称保证了走时的均匀性，飞机的对称使飞机能在空中保持平衡。

传说，鲁班造伞的时候，还是受荷叶的启示。植物在亿万年的进化历程中，经过大自然的精雕细刻，形成了千姿百态、又能适应环境的几何结构。细心的人可能观察到，那盛开的鲜花多是四瓣，如油菜花，紫罗兰；或者是五瓣为基数，如桃花，月季花；也有的花萼、花瓣合生成筒状，如牵牛花。这些花都具有辐射对称或两侧对称。

不仅花具有这般几何美，植物叶片也同样如此。叶在茎上的排列方式，也采取了独特的空间对称，即叶序。绝大多数叶片背面，布满了对称的叶脉，能对叶片起补强作用。对称是自然界的一种生物现象，不少植物、动物都有自己的对称形式。

工程师们正是利用花和叶这种巧夺天工的对称美设计出许多新奇的建筑，如根据椰树巨大叶片的"之"字结构，遇飓风很少折断的原理，建造了楼房的顶棚；根据前草的叶子是螺旋生长的，每片叶子都能吸收充足的阳光，建造了现代螺旋式高楼，这样每个房间都能较好地采光。

对称也是艺术家们创造艺术作品的重要准则。像中国古代的近体诗中的对仗，民间常用的对联等，都有一种内在的对称关系。对称在建筑艺术中的应用就更广泛了。中国北京整个城市的布局是以故宫、天安门、人民英雄纪念碑、前门为中轴线对称的。

对称的建筑

## 知识点

### 对 称

对称是物体或图形在某种变换条件（例如绕直线的旋转、对于平面的反映等等）下，其相同部分间有规律重复的现象，亦即在一定变换条件下的不变现象。

### 延伸阅读

#### 生活中的对称美

许多国家的国旗是轴对称图形。许多举世闻名的建筑都是轴对称物体，例如人民大会堂给人以庄严隆重的视觉冲击，赵州桥、黄鹤楼都是标准的轴对称建筑，给人以美的享受。我们住的房子、门、窗、生活用品无一不是轴对称的，可见对称在我们生活中的应用广泛，甚至在汉字、英文字母、交通标志中也处处隐藏着它的身影。中国古代传统的剪纸、中国结、京剧脸谱也应用到了轴对称。大自然中对称现象比比皆是，雪花、彩虹、花朵、蝴蝶无不充满了对称美。

## 地球仪上的纸是如何贴上去的

如果请人把一张纸贴在圆圆的皮球上，那么无论你怎样贴，也不会把它贴得很平整。可是，圆圆的地球仪表面上的世界地图却贴得平平整整，没有皱褶和重叠的地方，你知道这是为什么吗？

原来，要把一张准确的世界地图贴在圆圆的地球仪上，并不是一件简

地球仪

单的事。数学家和技术人员经过周密的计算，把世界地图分成12块相等的两端尖中间宽的纸条，然后再一张一张地拼着贴上去，制成地球仪的表面。这样，地球仪表面的地图就没有皱纹了。

现在你能明白为什么地球仪不是完完整整的一张纸制成的但又很平整的原因了吗？做地球仪的原理其实跟做灯笼一样，假设你想用纸糊一个灯笼，那你一样得要经过计算做出若干大小相等且两端尖中间宽的纸条，然后贴上去，就制成了一个和地球仪一样表面平整的圆灯笼。

## 知识点

### 地球仪

为了便于认识地球，人们仿造地球的形状，按照一定的比例缩小，制作了地球的模型——地球仪。在地球仪上没有长度、面积和方向、形状的变形，所以从地球仪上观察各种景物的相互关系是整体而又近似于正确的。按用途分类地球仪有以下几种类型：（1）经纬网格地球仪，在它的球面上只有经纬网格以及度数的注记，也称经纬仪。（2）政区地球仪，球面光滑的表示行政区划分的地球仪。（3）地形地球仪，是表示地形的模型，球面可分为平面和立体隆起两种。（4）示意性地球仪，球体仅显示大陆版块及海洋分布情况，常见于装饰性用品。

▸▸▸ **延伸阅读**

### 世界最早的地球仪

世界最早的地球仪是由德国航海家、地理学家贝海姆于 1492 年发明制作的，它至今保存在纽伦堡博物馆里。1480 年，贝海姆（1459—1507 年）作为佛兰芒贸易商人初次访问葡萄牙时，自称是纽伦堡天文学家米勒的学生，所以成为约翰二世的航海顾问。当时航海者用星盘来测定日、月、星辰的高度，以推算时间和纬度。用黄铜代替木制星盘，可能是由他创始的。他可能曾与 D. 考航行到非洲西岸（1485—1486 年）。1490 年回纽伦堡后，在画家格洛肯东的协助下，开始绘制他设计的地球仪，1492 年完成。他当时所画的世界地形既不准确又已过时，在这个地球仪上，印度洋是向东西扩展的海洋，特别是非洲西海岸，错误之多实在惊人。

## ▉▉▉ "形" 的奥秘有哪些

### 精巧的蜂巢

蜜蜂既是辛勤的采蜜者，又是效率很高的花粉传播者。可是，你是否知道，它还是生物界里出色的"建筑师"呢！

蜜蜂用蜂蜡建造起来的蜂巢是一座既轻巧又坚固、既美观又实用的宏伟建筑。达尔文还曾经对蜂巢的精巧构造大加赞扬。蜂巢看上去好像是由成千上万个六棱柱紧密排列组成的，从正面看过去，的确是这样，它们都是排列整齐的正六边形，但是就一个蜂房而言，并非完全是六棱柱，它的侧壁是六棱柱的侧面，但棱柱的底面是由三个三等菱形组成的倒角锥形。两排这样的蜂房，底部和底部嵌接，就排成了紧密无间的蜂巢。

蜂巢的这种结构很自然地吸引了人们的注意。在二百多年以前，有人曾测量过蜂巢的尺寸，结果发现了一个奇妙的规律：不论蜂房的大小如何，它底部菱形的锐角都是 $70°32'$。这难道是偶然吗？蜂房是由工蜂分泌的蜂

**精巧的蜂巢**

蜡筑成的。有人从中得到启示：蜂房底部的菱形取这样奇特的形状，是为了最节约蜂蜡，还是使这样形状的蜂房更宽敞呢？果然不错，数学家的计算表明：如果筑成这种形状的蜂房，会使蜂蜡用得最少，也就是要使表面积最小，那么这个蜂房底部菱形的锐角必须是 $70°32'$。看来，小小的蜜蜂还是生物界里"精打细算"的能手啊！

## 圆形的管道口径

管道，我们在生活中经常见到，如自来水管、煤气管、污水管……。如果你去过化工厂的话，厂里各种管道纵横交错的现场，一定给你留下深刻的印象。这些管道的粗细虽然不全一样，但它们口径的形状却都是圆形，这是为什么呢？这就涉及到一个问题，周长一定的管道截面，呈何种形状时，才能使管道截面的面积最大，流量也最大，这就是数学上有名的等周问题：周长一定的平面图形中，以哪种形状的面积为最大。这个问题的回答是：当制造管道的材料一定时，那么当口径做成圆形时流量最大。

根据这个等周定理，不仅是管道，还有其他许多东西都要做成圆的。例如：食品罐头、各类瓶子、杯子、烟囱等等。另外，你可曾见过这种现象，雨过天晴，汽车偶尔流下的油滴浮在柏油路的水坑上面，竟会反射出五光十色的美丽色彩。再仔细观察一下，你还会发现这一圈圈的油滴，不论大小如何，却都是圆的！原来，这是油的表面张力遵循等周原理的结果。

## 螺线形的蚊香盘

蚊香虽是一种除害灭蚊的药品，但就其形状来讲，分析一下会对我们分析问题和解决问题的能力有一定的帮助。一袋蚊香，像一个圆面，但又不完全一样。分开来，便成完全一样的两盘，每一盘的形状好像海螺的外壳，它绕着"中心"一边旋转，一边又向外伸展，我们叫它螺线。

蚊香为什么要盘成螺线形状呢？原来蚊香形状是根据二心渐伸螺线设计的。它除了十字线的中心 $O$ 外，还有两个心为 $O_1$ 和 $O_2$，$O_1$ 和 $O_2$ 相距 7 毫米。实际上，这条螺线是由很多以这两个心为圆心的半圆弧光滑地连接起来的，起点与邻近一点的距离 $O_2A=8$ 毫米。每盘蚊香粗 7 毫米，两条边缘也都是二心渐伸螺线，只是起点不同，它们与中心线起点各相距 3.5 毫米。

蚊香盘成这种形状有许多好处。首先它的长度适中，90.5 毫米，约可点燃 7.5 小时～8 小时，这样既不至于半夜烧完，又可避免不必要的浪费，且占地面积小，不易折断，便于包装、运输。其次由于做成了螺线形状，它一边旋转，一边渐伸出去，相邻两圈之间又有一定空隙，蚊香燃烧时，不会延及另外一圈。再次我们在制作时，只要设计尺寸恰当，就可使空隙之处正好又做一盘，一举"两得"。你说妙不妙？

## 星形线设计的折迭式车门

普通的房门是完整的一扇，一般的校门是对开的两扇，而公共汽车的门不但是对开的两扇，而且每一扇都由相同的两半铰链交接而成。开门关门时，以靠近门轴的半扇绕着门轴旋转，另半扇的外墙沿着连接两个门轴的滑槽滑动。开门时一扇门折拢成为半扇，关门时又重新伸展成一扇。公共汽车的这个特殊门是根据星形线设计制造的。

星形线像夜空中光芒四射的星星，因此得名。在纸上任意做若干长度为 $R$ 的线段，使它的两端分别在 $X$ 轴和 $Y$ 轴上，然后在每一象限里画一段光滑的曲线弧，使它们与这些线段相切，这样一条星形线就画出来了。

一扇折迭式的公共汽车门可以表示成平面形式，其中 $O$ 是门轴，$OB$ 是滑槽。在车门开闭过程中，定长 $BC$ 的两端分别沿 $X$ 轴和 $Y$ 轴滑动，因此可得到一条星形线，但由于车门只在第一象限活动，所以一扇门实际活

动的形状是由圆弧 $MN$ 和星形线弧 $NP$ 构成，也就是说这扇车门活动的范围，是由扇形 $OMN$ 的面积、三角形 $ONQ$ 的面积与星形弧线所组成的曲边三角形。根据计算，一扇宽度为 $2a$ 的普通车门在开关过程中占用的面积为 $a^2$，因此一扇折迭门大大节省了空间，使车辆能载更多的乘客。

## 伞形的太阳灶

太阳灶利用太阳辐射的热量，可以烧水、煮饭、炒菜。也许你会感到奇怪，太阳光怎么能烧得熟食物呢？奥秘在于太阳灶有一个聚光的装置，它能将太阳光反射集中到一个地方，使这个地方的温度达到几百摄氏度。这样，只要在这个地方放一个锅，就可以烧水、煮饭、炒菜了。

可是，道理说起来简单，而要使太阳反射点能达到足够高的温度却不那么容易。这还需要借助于伞形太阳灶的几何形状——旋转抛物面，这是由抛物线绕着它的轴旋转一周而成的。为什么旋转抛物面有这么大本领呢？原来，它是利用了光在曲面上反射具有的选择最短路线的性质，让反射到抛物面上的平行轴向太阳光聚到焦点上去，使焦点处的温度大大提高。这就是伞形太阳灶能烧水、煮饭、炒菜的数学和物理原理。

伞形太阳灶

## 椭圆形的运液筒

你可曾注意到，汽车背脊上的大桶，多数呈椭圆形状，即它的两个底面都是椭圆（数学上称椭圆柱体）。为什么汽车上的大桶要做成椭圆形状呢？原因主要是在容积相同的条件下，椭圆形桶与长方体形的桶相比，用料要节约一些。除了节省材料之外，还有一个强度问题。椭圆桶的外受力比较均匀，牢固而且不易撞坏，而长方体的棱角多，焊接多棱处受力特别大，容易破裂，所以汽车运输液体的桶一般不做成长方体的形状。

与圆柱桶相比较，仍在容积相同的条件下，圆柱桶比椭圆省料。如果单从节省材料的角度看，应该把桶底做成圆形，但由于圆柱桶要比椭圆桶高和狭，它的重心比较高，不稳定，两边还要用支架，汽车的宽度也不能充分利用。

综上所述，椭圆桶较省料，又牢固，重心低，比较稳。这就是汽车背脊上的大桶做成椭圆形的道理。

## 三脚架上的秘密

三角架有许多用处，摄影爱好者用它来支撑照相机；露营野炊者用它做烧水做饭的支架……三角架简单实用，但使用时必须注意，三角架的"头"应处在它的三只"脚"所构成的三角形之中，这样才能稳定。若"头"偏出了三只"脚"所在的三角形区域外，那么三角架就会翻倒。这是因为任何物体都有一个重心，如果物体的重心越出物体支撑的范围，物体就会不稳甚至翻倒。要使三角架稳定，就应该使它的"头"落在它的支撑点的范围——三角架的"脚"所构成的三角形之内。所以正确掌握重心位置是物体稳定的关键。表演杂技顶花瓶的演员正是利用了这个道理，才有了惊人的表演。演员把一根木棒顶在放有花瓶、茶杯等东西的玻璃板下，使得玻璃板上的重心落在木棒上，玻璃板上的花瓶、茶杯等就不会翻转。

一般可以用几何作图求三角形的重心，在 $ABC$ 的三条边 $AB$、$BC$、$AC$ 上，分别找到它们的中点 $D$、$E$、$F$，连结 $AE$、$BF$、$CD$，那么这三条线必相交于一点 $O$，$O$ 点就是这个三角形的重心。

## 弧形滑梯与最速降线

有两条滑梯：一条的滑道是斜线，另一条的滑道是弧线。如果有甲乙两个体重相等的小孩儿同时从滑梯顶部 $O$ 点往下滑，甲沿着斜线滑道下滑，乙沿着弧线滑道下滑，那么哪个小孩儿先滑到底部 $A$ 点呢？

一般人认为，甲滑过的路程是直线，路程最短，所以甲孩儿先到达 $A$ 点。这样的分析是错误的，因为谁能最先到达底部，不但与路程的长短有关，还与滑行的速度有关。

甲沿着斜线 $OA$ 下滑，是做匀速运动，速度从 0 开始，缓慢而均匀地增大；乙沿弧线下滑，速度也是从 0 开始，但刚开始就是一段陡坡，速度迅速增大，使得乙的滑行速度比甲快，虽然比甲多走了一些路，但究竟谁先到达终点就难说了。科学家们研究后发现，只要将弧形滑梯设计成摆线形，就可以成为滑得最快的滑梯。

这个寻找"最速降线"的问题，最初是由瑞士数学家约翰·伯努利提出的，后来经他和牛顿、莱布尼兹、雅各布、贝努利等人的努力，发现侧着倒放的摆线弧下滑比任何曲线都快。这一问题的解决，为后来发展成一门非常有用的数学新分支——变分法奠定了基础。

### 七巧板可以拼成各种有趣的图案

小朋友们对七巧板可能再熟悉不过了。七巧板是我们祖先发明的一种玩具，它是由 5 块三角形、1 块正方形、1 块平行四边形的板组成。据说在1000 多年前的唐朝，有人用一套可以分开、拼合的桌子在宴请客人的时候摆成了各种有趣的图案，来调节宴会的气氛。后来，经过许多人的精心琢磨，这种桌子慢慢演变成了今天的七巧板。

七巧板独特之处就在一个"巧"字，它们可以互相调换摆成人体、动物等各种图案。比如用正方形板表示人头；用三角形板表示动物的嘴；平行四边形表示人的身体。有了这些基本图形，再加上三角形拼起来能摆出各种不同的形状，七巧板就拼出了各种有趣的图案。怎么样？你也来开动脑筋，看你能拼出多少种图案。

七巧板

### 螺丝帽里的秘密

螺丝帽有好几种形状，最常见的是正六角形，有时也可看到正四边形、正八角形等等。螺丝帽为什么不做成圆形呢？因为机器开动时总会发生振动，因此螺帽装到机器上去时，必须用"扳手"紧紧地拧住它，否则由于机器的振动，螺帽就有可能自己松动而脱落下来，机器就会损坏，甚至造成严重的事故。螺帽做成圆形，虽然可以节省材料，制造也比较方便，但

圆形的螺帽用扳手不好拧，因而螺帽一般不做成圆形。

那么，又为什么绝大多数螺帽是正四六八角形（边数是偶数），而不做成三五七角形（边数是奇数）呢？原来，工人师傅在拧螺帽时，常用的工具扳手"张口"上的"嘴唇"是平竿的。当螺帽的边数是偶数时，它的对边平行，可以用扳手"咬"住，而把它按紧；而当边数是奇数时，由于没有平行的两边，用扳手就无法拧紧，所以一般不做奇数边正多边形的螺帽。

现在我们再来分析一下为什么大多数螺帽都做成六角形，而只有极少数做成四角形或其他形状。原因就在于用同样半径的圆，六角螺帽和四角螺帽，前者留下的面积大，切掉少，能充分利用材料。

## 三角尺的造型

三角尺我们不仅常常看到，而且常常用到，它是画图的主要工具之一。利用它可以很方便地画出许多几何图形。但是，你可曾想过，我们看到的三角尺为什么要做成两块都有直角而含有的锐角各不相同呢？其中一块三角尺是一个等腰直角三角形，两个锐角都是45°。我们知道，45°角在画图中是最常

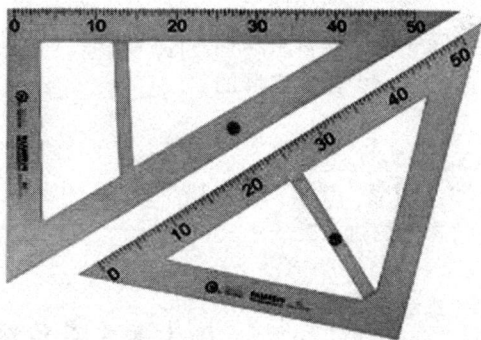

三角尺

见的。利用它，在制图中可以方便地画出表示金属材料的45°剖面线，又可以迅速地把另一个圆周四等分。另一块三角尺，有一个锐角是30°，还有一个锐角是60°，利用它可以很方便地把一个圆周三等分，或者是六等分。

利用这两个三角尺，可以很方便地建立直角坐标系；也可以画出0°到360°之间的23个角来（你可以试一试）；还可以利用它上面的刻度来度量长度。其实，一副三角尺的用途还不止于此，它还可以用来当角尺，检验某一物体的两条边是否垂直，也可用来寻找一个圆的圆心，还可以用来检验屋梁是否水平。当然，这也超出了画图的范围。

### 圆柱里的秘密

当你乘着轮船，沿着黄浦江航行，眺望两岸，就一定能见到许多盛有各种液体的贮油桶，它们中高的有几十米，矮的也有近十米，大小虽不一样，但看上去都显得十分"匀称"，既不"胖"，也不"瘦"。像这样底面直径和高恰好相等的圆柱体叫做等边圆柱。

贮液桶一般常做成等边圆柱，那么它们为什么不做成"胖"的或者"瘦"的，而要做成胖瘦适中，看上去很匀称的等边圆柱呢？这不仅是为了外形的美观，更主要是为了节约造桶的材料。用数学语言来表达就是：在圆柱的容积 $V$ 保持一定数值的情况下，圆柱体取什么样的形状它的全面积达到最小。我们已经通过计算证明：等边圆柱的全面积最小。

但我们应该注意，上面的结论只对有盖的圆柱适用。如果无盖的圆柱，做成等边圆柱就不是最省料的，而是应制成它的直径等于高的二倍的圆柱，形状看上去比较扁胖的。

## 知识点

### 瑞士数学家约翰·伯努利

约翰·伯努利是17世纪—18世纪在欧洲有影响的数学家。约翰在他的科学生涯中，采用通信等方式与其他科学家建立了广泛的联系，交流学术成果，讨论和辩论一些问题，这是他学术活动的一大特点。他与110位学者有通信联系，进行学术讨论的信件大约有2 500封，这大大促进了学术的发展。约翰一生的另一特点是致力于教学和培养人才的工作，他培养出一批出色的数学家，其中包括18世纪数学界的中心人物欧拉，这不能不说是约翰·伯努利的功绩之一。

延伸阅读

### 高速路设计的学问

现代高速公路的设计，不仅要重视高速公路的几何构造，还要考虑线形设计，为驾驶员在心理上、视觉上提供良好的驾驶条件。汽车的行驶速度越高，其视野活动范围就越窄，在驾驶员和乘客的视觉中，路幅所占的比重就越大，为此，对线形设计的要求就越高。只有好的公路线形才能保证汽车高速、安全、顺适的行驶。

高速公路线形是构成高速公路的骨架，高速公路的各种构造物如路基、路面，都是按高速公路线形要求进行单体施工组装而形成高速公路整体的。因此，线形起着支配作用，一旦公路建成之后要改变公路线形几乎是不可能的，其设计好坏，将长期限制和影响着高速公路的行车安全及舒适、经济。如果线路的选定和线形各要素的设计组合不当，造成驾驶员视觉上的判断失误或心理效应上的不良，就会增加行车事故，降低通行能力，造成工程上及使用上的经济损失。

## 怎样找到最短距离

19世纪德国柏林大学数学教授斯泰纳（1796—1863年），根据生产实践的需要，研究了一个虽然简单但实用价值很大的问题，即在三个村庄间，建一座供水站。为了节省水管，该怎样选择供水站的地点，村庄的距离的总长为最短。

换成数学语言就是设 $A$、$B$、$C$ 是平面内不在同一直线上的三点，求在 $\triangle ABC$ 中找一点 $P$，使 $PA+PB+PC$ 为最短。这个问题还可以推广为在 $A$、$B$、$C$ 三个村庄间建立一座供水站，已知通往 $A$ 庄的单位造价是 $m$ 元/米，通往 $B$ 庄的单位造价是 $n$ 元/米，通往 $C$ 庄的单位造价是 $r$ 元/米，问供水站建立在何处，才能使总造价最省。也就是在 $\triangle ABC$ 中，求使 $m\overline{AP}+n\overline{BP}+r\overline{CP}$ 取极小值 $P$ 点的位置，或者把这个问题变化为：

设三个村庄，每个村庄各有上学孩子为 40 人、50 人、60 人，要在三个村庄间建立一所学校，使所有孩子耗费在路上的时间总数为最少，即设学校到三个村庄的距离分别为 $S_1$、$S_2$、$S_3$，求使 $40S_1 + 50S_2 + 60S_3$ 取极小值的学校的位置。

尽管上述三个问题提法不同，但都是同一个数学问题，即在 $\triangle ABC$ 内找一点 $P$，使 $m\overline{AP} + n\overline{BP} + r\overline{CP}$ 取极小值。其中 $m$、$n$、$r$ 为已知常数（第一个问题是后面两个问题的特例 $m = n = r = 1$）。

因为这个问题是斯泰纳首先提出的，所以叫做斯泰纳问题，通常也叫做最短距离问题。这个问题提出后不久就被解决了，并且得到了广泛的应用。

后面给出两种非常有趣的解法。只要把包含这三个村庄的地图放在一张桌子（或者架起的纸板）上，再在相当于各个村庄的 $A$、$B$、$C$ 三处在桌子上打三个洞，通过这些洞垂下三条绳子，每条绳子的一端分别系上重 40 克、50 克、60 克的砝码，把这三条绳子的另一端结在一起，我们所要求的点 $P$（或者学校、供水站）就应该在绳结所停留的地方，如图所示。

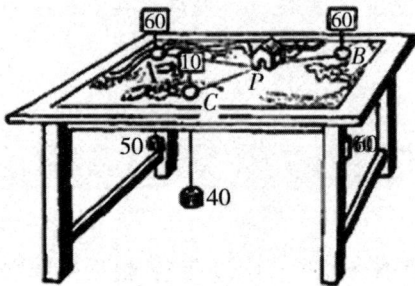

桌 子

这个实验解法十分容易做到，但是它的道理是什么呢？这倒是值得我们仔细研究的。由物理学可知，若三条绳子上都系 40 克重的砝码，则绳结一定要在 $\triangle ABC$ 三条中线交点处（三角形的重心）停留，即当 $m = n = r$ 时，$P$ 点是在 $\triangle ABC$ 的重心处。若有两条绳子上不系砝码，只有一条（例如 $A$ 点处）系上 120 克砝码，则绳结一定停留在 $A$ 点处。若三条绳子上系着不同重量的砝码，就相当于质量不均匀分布的三角形物体，求该物体的重心位置。

我们把这个三角形物体看成是受三个力（显然是平行力）$P_1$、$P_2$、$P_3$ 的作用，可见求重心就转化为求三个平行力合力的问题。因为这个合力即物体的重力，并且无论物体处在什么位置上，其重力总是通过一个确定的点，此点即重力的作用点，也就是物体的重心。

由实验的解法容易找到这个点的位置。要用定量的办法确定这个点的

位置又如何求呢？当引入 $A$、$B$、$C$ 三点的坐标为 $A(x_1,y_1)$，$B(x_2,y_2)$，$C(x_3,y_3)$，再根据平面内任一力系平衡的充分必要条件是：所有各力对平面内任意一点力矩的代数和等于零，立即可得下面的重心坐标公式：

$$x=\frac{\sum_{i=1}^{3}p_ix_i}{\sum_{i=1}^{3}p_i}\quad y=\frac{\sum_{i=1}^{3}p_iy_i}{\sum_{i=1}^{3}p_iy_i}$$

下面再给出这个问题的第二种解法。如果力系各力的作用线均在同一平面内，并且各力的作用线汇交于一点，这样的力系叫做平面汇交力系。

设物体受到两个共点力 $P_1$ 和 $P_2$ 的作用，它们的合力可由平行四边形法则来确定，如图所示。两个相交力的合力，也可用这样的方法来确定，如图所示，先作力 $P_1$，在 $P_1$ 的末端作力 $P_2$，然后连接 $P_1$ 的始端与 $P_2$ 的末端所得的矢量 $R$ 即为它们的合力。这种求合力的作图法，叫做力三角形法则，作图所得的三角形也叫做力三角形。若物体受多个共点力的作用，求这多个力的合力可以连续应用三角形法则，将各已知力首尾相接，连成折线如图所示，最后连接折线的首末两点，便得合力。这种求合力的作图法叫做力多边形法则，所得的多边形也叫做力多边形。

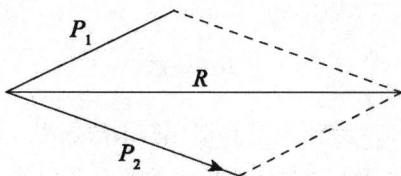

平行四边形法则

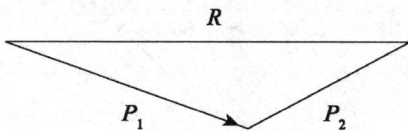

力三角形法则

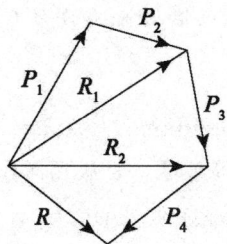

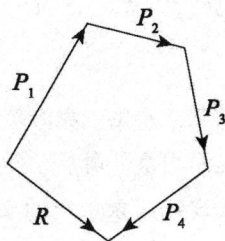

力多边形法则

根据平面汇交力系平衡的充分必要条件，力系各力组成的力多边形自行闭合。若把三角形看成一个物体受到三个大小和方向都不同的力的作用，并使其平衡，则所得到的是一个闭合的力三角形，它的三条边就和这三个力的大小和方向相当。

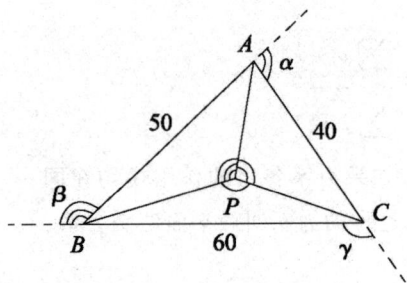

力三角形

如图作一个力三角形，使其各边长分别为 40、50、60，设顶点 $A$、$B$、$C$ 的三个外角分别为 $\alpha$、$\beta$、$\gamma$，所求的点 $P$ 与三个顶点的连线之间所夹的角，即 $\angle CPB$、$\angle APB$、$\angle APC$ 正好等于图中 $A$、$B$、$C$ 的三个外角，即 $\angle APC = \angle\alpha$，$\angle APB = \angle\beta$，$\angle BPB = \angle\gamma$。

为什么 $P$ 点即为所求的点呢？$P$ 点的位置又是用怎样的作图方法确定的呢？通过下面给出的两个几何作图方法以及读者非常熟悉的平面几何知识，不难给出它的证明。

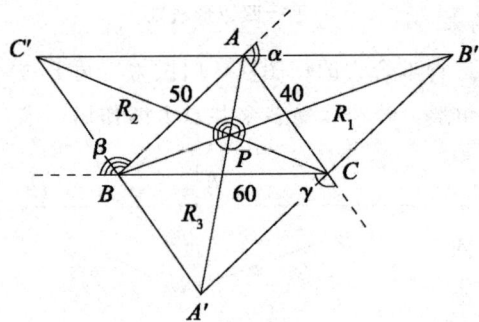

力三角形 $\triangle ABC$

**作法 1**：如图在力三角形 $\triangle ABC$ 中，首先做 $P_1 P_2$ 的合力 $\overrightarrow{BB'} = \overrightarrow{R_1}$，再做 $P_3 P_2$ 的合力 $\overrightarrow{CC'} = \overrightarrow{R_2}$，最后做 $P_1 P_3$ 的合力 $\overrightarrow{AA'} = \overrightarrow{R_3}$，则三个合力相交于 $P$ 点，$P$ 点即为所求。

容易看到 $\triangle ABC$ 的三边 $AB \underline{\underline{\parallel}} \frac{1}{2} A'B'$，$AC \underline{\underline{\parallel}} \frac{1}{2} A'C'$，$BC \underline{\underline{\parallel}} B'C'$，而 $P$ 点恰好是 $\triangle A'B'C'$ 三条中线的交点。

这个解法使人产生兴趣的是：从力学角度来理解，$P$ 点是三个合力的汇交点，要使这个力系平衡，三个力的合力必等于零。要从几何作图来理解，它恰好是 $\triangle A'B'C'$ 三条中线的交点，并且不难证明 $\angle APC = \alpha$，$\angle APB = \beta$，$\angle BPC = \gamma$。

**作法 2**：由于 $\triangle ABC$ 的三个外角 $\alpha$、$\beta$、$\gamma$ 是已知的，并且 $AC$、$AB$、

$BC$ 的长也一定。所以，在 $\triangle ABC$ 中以 $AC$ 为弦，作一个含有 $\alpha$ 度的弓形弧；再以 $AB$ 为弦，作一个含有 $\beta$ 度的弓形弧，与前弧相交于 $P$ 点，则 $P$ 点即为所求。因为 $\alpha$、$\beta$、$\gamma$ 三个外角之和为 $360°$，各含 $\alpha$ 度、$\beta$ 度两个弓形弧之交点 $P$ 与 $A$、$C$、$B$ 连线，$\angle APC = \alpha°$，$\angle APB = \beta°$。由于周角也是 $360°$，所以 $\angle BPC$ 一定是 $\gamma$ 度，如图所示。

上述两种解法都是初等方法，当读者学了微积分后，用微积分求导数的方法来求这种极值问题，是非常简单的。

从斯泰纳问题的解决，可以看到数学和力学的亲密关系，力学包括静力学、动力学、流体力学、弹性力学、材料力学和理论力学等分支。无论是哪一个分支都是以数学为

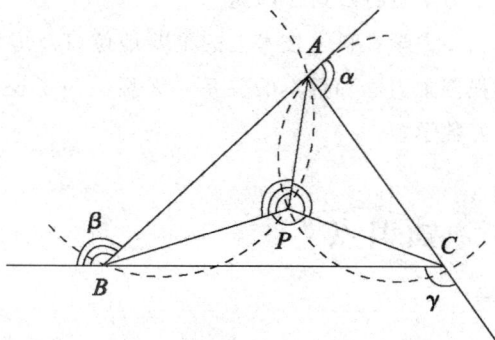

三个外角 $\alpha$、$\beta$、$\gamma$

重要的工具。有了雄厚的数学基础，再去研究力学则容易入门。

力学作为一门科学是在古希腊时代出现的，古代伟大的思想家和学者亚里斯多德在他的著作《物理学》、《力学》和《天与世界》中，第一次阐明了运动和力的关系，并引进了"力学"这个概念。著名的几何学家和力学家阿基米德（公元前 287—212 年）在他的两本著作中给出了力学真正的科学含义，奠定了几何静力学和重心静力学的理论基础。这两本著作的特征是推理的严密和方法的细致，可见力学一脱胎就带有浓厚的数学味道。

18 世纪和 19 世纪初叶，被人们称为数学发展的"黄金时代"。由于强有力的数学工兵——微积分的应用，力学的方法、理论迅速地完善起来，使力学和数学一起向前发展。在数学的黄金时代，这些科学之间的区分和界线几乎是不存在的。首先是伟大的数学家、微积分学的创始人之一牛顿创立了经典力学，提出著名的牛顿三定律，使一部有严密的逻辑结构、完美的科学体系的力学呈现在人们眼前。数学家拉格朗日说："这是人类智慧最伟大的产物。"从牛顿时期开始，力学变成了一门精确的数学科学。

力学是以数学为工具的，然而在力学的研究中又产生新的数学理论，如雅可比和贝努利弟兄在解析力的质点在各种不同的曲线上运动时，创立了变分法。后来，许多数学家又开创出不少力学新分支。法国几何学家普安素（1777—1859年）创立了"几何静力学"、现代的"电动力学"、"量子力学"等新的领域。无论是力学的哪一个分支都离不开数学，离开了数学力学也将断送了前途。

力学在科学技术上的重要地位以及应用的广泛性是众所周知的。这里强调了力学和数学的关系，无疑是为了说明——为了学好力学，也必须学好数学。

## 知识点

### 流体力学

流体力学，是研究流体（液体和气体）的力学运动规律及其应用的学科，主要研究在各种力的作用下，流体本身的状态，以及流体和固体壁面、流体和流体间、流体与其他运动形态之间的相互作用的力学分支。流体力学是力学的一个重要分支，它主要研究流体本身的静止状态和运动状态，以及流体和固体界壁间有相对运动时的相互作用和流动的规律，在生活、环保、科学技术及工程中具有重要的应用价值。

### 延伸阅读

### 力学的研究方法

力学研究方法遵循认识论的基本法则：实践——理论——实践。

力学家们根据对自然现象的观察，特别是定量观测的结果，根据生产过程中积累的经验和数据，或者根据为特定目的而设计的科学实验的结果，提炼出量与量之间的定性的或数量的关系。为了使这种关系反映事物

的本质，力学家要善于抓住起主要作用的因素，屏弃或暂时屏弃一些次要因素。

力学中把这种过程称为建立模型。质点、质点系、刚体、弹性固体、粘性流体、连续介质等是各种不同的模型。在模型的基础上可以运用已知的力学或物理学的规律，以及合适的数学工具，进行理论上的演绎工作，导出新的结论。

依据所得理论建立的模型是否合理，有待于新的观测、工程实践或者科学实验等加以验证。在理论演绎中，为了使理论具有更高的概括性和更广泛的适用性，往往采用一些无量纲参数如雷诺数、马赫数、泊松比等。这些参数既反映物理本质，又是单纯的数字，不受尺寸、单位制、工程性质、实验装置类型的牵制。

力学研究工作方式是多样的：有些只是纯数学的推理，甚至着眼于理论体系在逻辑上的完善化；有些着重数值方法和近似计算；有些着重实验技术等等。而更大量的则是着重在运用现有力学知识，解决工程技术中或探索自然界奥秘中提出的具体问题。

## 路上的学问有多少

### 彩虹般的拱桥

桥有各式各样的形状，有一类桥，它们的形状犹如缤纷的彩虹，飞架在江河之上，十分美丽，人们称它为拱桥。许多桥为什么要造成拱形呢？这不单是拱桥形状好看，更重要的是拱桥有许多优点。如果在一根平直的横梁上面加压重量，就可以看到，梁的中部最容易弯曲

赵州桥

甚至折断；而且从它的断面可以看出，梁的底部是被拉力拉断的，梁的上部是被压力压坏的，这样拉力和压力加起来，就是通常所说的"弯力"。如果我们把梁柱改为拱形，而且在外加压力作用下产生的"弯力"就能沿着拱形传送到支座上，并经过支座传到地下，这样"弯力"对拱桥本身的影响就可以大大减小。如果拱的曲线形状设计得恰当，"弯力"影响可以减少到最小程度，甚至为零。

正是由于上面所说的原理，所以许多桥都造成拱形，如世界闻名的安济桥和赵州桥在我国都有着悠久的历史。在漫长的岁月里，它们饱经风霜，车辆重压，洪水冲击和地震摇撼的考验，至今仍然矫健屹立。

## 抄近道的几何学

人们无论做什么事情，都喜欢寻找快捷方式，以最短的时间完成想做的事情，以达到事半功倍的效果。

一般来说，走路也是一样，人们总是愿意走胡同，把这叫做"抄近道"，因为抄近道要近一些。为什么抄近道就会近一些呢？这就是一个几何学原理。

下面我们来做一个小实验帮助你理解这个问题。你找出三个纽扣，把两个纽扣在桌子上放好，用一根线把其中的两个穿起来，注意线不要拉直，把第三个纽扣放在桌面上，不要让三个纽扣在一条直线上，你还用那根线把三个纽扣连起来，你会发现线不够长，这说明两个点之间以直线的距离最短，这是几何学中一个古老而又著名的定理。其实，生活中到处都有几何学的影子，你注意到了吗？

## 铺砖的学问

铺地面用的马赛克，不管镂刻什么图案，砖形都是正方的或是正六边形的。这一简单的工艺还藏着一个几何问题。拿几块正多边形的砖，将它们拼接在一起，使它们摊得平（不凹不凸）、凑得满（不露缝不裂口）。想要做到这一步，就必须把每块砖凑在一起各角之和是360°。为此，我们把几个简单的正多边形的内角排列出来：

正多边形数是 3、4、5、6、8、9、10、12 的每个角度数为 60°、90°、108°、120°、135°、140°。如果只许用一种形状的砖，便只有三角形、正方

*奇妙的数学问答*

形、正六边形可取。6个三角形、4个正方形、3个正六边形都能在一点凑成360°，但是单用三角形拼成的图案并不美观。实际上，为了工艺方便，普遍采用方砖和六角砖。

单用边数为5、8、9、10、12的正多边形都不能拼成平面。如果用几种正多边形拼凑，根据各角之和等于360°，还是能拼出平面的。当然，这种平面的图案变化就会比较复杂。

## 跑道的弯与直

你知道为什么田径场的跑道要设计成两头是半圆形的，而中间的两边却是直的吗？如果跑道全部是直的，运动员赛跑时可以不必侧着身子急速转弯，这当然很好。可是运动项目中有几千米甚至几万米的长跑，如果要在田径场上进行这种比赛，而跑道又全部是直的话，那么这个田径场将要有多大啊！所以跑道全部是直的是不可能的。

那么，跑道设计成圆形，使长跑绕着圈子进行，行不行呢？圆形跑道的好处

跑 道

是可以大大减少占地面积，但这样一来，运动员在奔跑时要时刻改变奔跑的方向，始终处于侧着身体的状态，不能充分发挥赛跑的水平，而且百米赛跑也只能在弯道上进行，这当然不行，再说如果圆形跑道一圈是400米，那么它的直径约为127米。对于这样的尺寸，要在田径场内同时举行标枪、铁饼、手榴弹等项目的比赛，就显得不够大了，而且举行足球赛时宽度够了，长度却不够。造成长方形行不行呢？更不行，因为在转角处，运动员要在急跑的情况下突然改变运动方向，向左转90°，这好比快车急转弯，十分危险。运动员要想不摔倒，比较理想的田径场跑道应该是两头圆、中间直的。

奇妙的数学问答

## 赵州桥

赵州桥坐落在河北省赵县洨河上，建于隋代（公元581—618年）大业年间（公元605—618年），由著名匠师李春设计和建造，距今已有约1400年的历史，是当今世界上现存最早、保存最完善的古代敞肩石拱桥。1961年被国务院列为第一批全国重点文物保护单位，因赵州桥是重点文物，通车易造成损坏，所以不能通车。

**➡️ 延伸阅读**

## 赵州桥的传说

传说赵州桥上的仙迹，主要指传说中张果老倒骑毛驴在桥上走留下的驴蹄子印；柴王爷推车过桥轧下的车道沟印和膝盖跪下的膝盖印；鲁班为救自己用绵羊（传说鲁班会点石术）做的石桥跃身跳入河中，用手力顶石桥的手掌印，但最后还是教他点石术的师傅往水里扔了一块玉佩救了他。相传从前在河北省赵县城南五里的地方，有一条大河，名叫洨河。洨河发源于河北西部的井陉山。在古代，它的水势很大，每逢夏秋两季，大雨来临，雨水和山泉一并顺流而下，沿途又汇合几条河水，形成了汹涌的洪流。因此，洨河两岸的居民和来往的行人，都感到非常不便。赵县人民的这个困难，被著名的工匠祖师鲁班知道了。他特地远道赶来，施展出卓越的技术，在一夜之间就造好这座赵州大石桥。赵州桥造好的消息，很快地传遍了四方。远近居民都怀着惊喜的心情，争先恐后地前来参观。这个奇迹甚至惊动了"八仙"之一的张果老。在驴背的褡裢里一边装上了"太阳"，一边又装上了"月亮"，要在桥上走过。这还不算，张果老存心要和鲁班开个玩笑，他又约了柴荣，推着载有"五岳名山"的独轮车，一道来到桥头，开口便问这桥能不能让他们两人同时行走。这时，鲁班刚把大桥修好，正

在十分得意，便很不以为然地说："这么坚固的石桥，还经不起你们两人走么？"不料他们上桥以后，把桥压得摇摇欲坠。鲁班一看情况不妙，赶忙跳下桥去，用手使劲托住桥身东侧，才使这两位仙人带着日月和五岳名山顺利通过。从此，桥上留下了几处人们津津乐道的"仙迹"：张果老的驴蹄印和斗笠颠落压成的圆坑；柴荣因推车力过猛，一膝着地压成的膝盖印和车道沟；还有鲁班托桥的手印。后来，除了因为东侧一度塌毁，手印已经不见，其余的"仙迹"都留存下来。《小放牛》里所歌唱的就是这一段生动的传说。

## 圆的奥秘在哪里

### 生活中圆的应用

1. 只有一个直径。下水道盖一般是生铁铸成的。每个都有几十斤重，如果掉在水道里，可就不容易捞上来。怎样才能保证下水道盖不管怎么盖永远也掉不下去呢？把盖做成圆形的。有的铁桶饼干，铁桶盖是圆的。你可以动手试一试，不管你怎么盖，盖子都不会掉进桶里。

2. 弹跳有规律。看过篮球赛你就会知道，运动员需要拍着球往前跑。拍球时运动员的眼睛并不盯着球，而是看着场上的运动员。运动员为什么不看球而能自如拍球呢？这是因为圆形弹跳是有一定规律的，除了圆球，其他形状的球弹跳起来会一会儿东、一会儿西，让你摸不着门儿。

3. 有利于滚动。无论是汽车还是自行车，它的车身都是装在轴上，如果车的轮子是方形的话，车子走起来就会上下颠簸。圆形的车轮子，轮边到圆中心的距离相同，这样走起来车身会非常平稳，坐在车里也会感到很舒服。

4. 容积较大。找来同样大小的两块铁皮做成一个圆碗和一个方碗，把圆碗里装满水，然后把圆碗里的水慢慢倒进方碗里，你会发现方碗装不下这些水，有些水会流出来。这就告诉我们，用同样大小的材料做成的圆形装的东西最多。

## 分圆问题和数学家高斯

什么是分圆问题呢？这还是一个仅用直尺和圆规将已知圆周 $n$ 等分的几何作图题。粗心的人可能会说："这有什么好研究的，在中学平面几何中，把圆周三等分、四等分、五等分、六等分，我们都作过，那是极简单的几何作图题。"是的，这些分圆问题的特例是很简单的尺规作图题，而且不仅如此，人们很早就能利用尺规把已知圆周 $2^n$ 等分（其中 $n \geq 2$ 正整数），$3 \cdot 2^n$ 等分、$5 \cdot 2^n$ 等分（其中 $n$ 是 0 或正整数），并且相应地作出圆内接正 $2^n$ 角形、正 $3 \cdot 2^n$ 角形、正 $5 \cdot 2^n$ 角形。从等于圆周六分之一的弧中，去掉等于圆周十分之一的弧，利用剩下的弧长就能作出正十五角形，即能作出内接正十五角形。于是，我们又能作出圆内接正三十角

数学家高斯

形、正六十角形，及一般形式——正 $15 \cdot 2^n$ 角形。然而，事情并非如此简单。细心的人马上就会想到："上述分圆问题，只不过是讨论了将圆周三、四、五、六、八、十、十二、十五……等分，而且还是一些特例。"我们不禁要问："利用尺规能将已知圆周七、十一、十三、十七……等分吗？"特别是当任意给定一个正整数 $N$，是否总能利用尺规将已知圆周 $N$ 等分，并且相应地作出圆内接正多边形呢？

这个尺规作图难题，在两千多年的岁月中，不知有多少人进行过多少次尝试都失败了。正当人类的智慧遭到严重考验时，1796 年正在德国哥廷根大学求学的年仅 19 岁的高斯（1777—1855 年），轰动了当时整个数学界。他成功地找到了可以用尺规作出正十七边形的方法。5 年之后，他又证明了下面的定理：

几边数是 $2^{2^n}+1$ 形状的费尔马素数的圆内接正多边形必能用尺规作图，可以把这个定理称为高斯判别法，即圆内接正多边形可以用尺规作图的，

只要将 $N$ 这个数分解质因数后仅仅只含有：（1）彼此互异的形状为 $2^{2^n}+1$ 的质因数；（2）2 的正整数次幂。反之，如果 $N$ 不是这样的正整数，就不能用尺规作出正 $N$ 边形。

这里特别应该说明的，$2^{2^n}+1$ 是费尔马数，而费尔马数并非都是素数。例如 $n=5$ 时，

$$N=2^{2^5}+1=4294967297=641\times6700417$$

同时，当 $N>5$ 时，$2^{2^n}+1$ 所表示的数中，有素数，也有合数，因此高斯的这个判别法又可以理解为：凡等分数 $N$ 为 $2^{2^n}+1$ 所表示的素数，尺规作图能解，其他的素数及其乘幂则皆不可解。根据高斯判别法，边数不超过 100 的正多边形中，只有 24 个可用尺规作图，其余 74 个均无解，如正 3、4、5、6、8、10、12、15、16、17、20 边形等都可以用尺规作出，而正 7、9、11、13、14、18、19 边形等却不行。因为虽然它们都为素数，但不能表示为 $2^{2^n}+1$ 的形状，所以都不可解。

由于理论推演比较复杂，涉及的数学知识也很多，这里仅仅介绍高斯的作图方法而不进行证明。高斯的几何作图法如下：

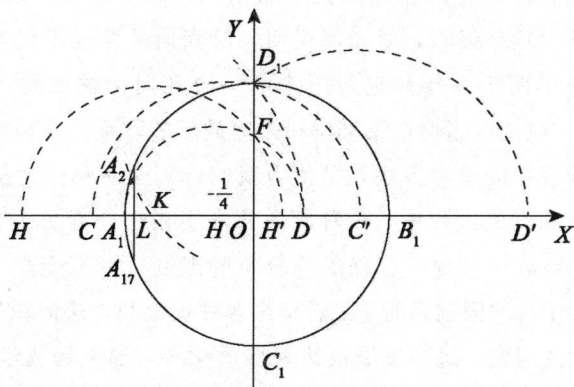

高斯的几何作图法

（1）在单位圆 $O$ 中，作互相垂直的直径 $A_1B_1$、$D_1C_1$ 为坐标轴。

（2）作 $OB=-\dfrac{1}{4}$。

（3）以 $B$ 为圆心，$BD_1$ 为半径画弧交横轴于 $C$ 和 $C'$。

（4）分别以 $C$、$C'$ 为圆心，以 $CD_1$、$C'D_1$ 为半径画弧交横轴于 $D$、$D'$。

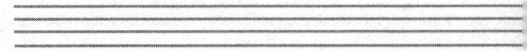

（5）以 $A_1D_1$ 为直径作圆交 $OD_1$ 于 $F$。

（6）以 $F$ 为圆心，$\frac{1}{2}OD$ 为半径画弧交横轴于 $K$。

（7）以 $K$ 为圆心，$KF$ 为半径画半圆交横轴于 $H$、$H$。

（8）过 $OH$ 中点 $L$ 作横轴的垂线交圆 $O$ 于 $A_2$、$A_{17}$，则 $A_1A_2$ 即正十七边形之一个边的长。

（9）以 $A_1A$ 从 $A$ 开始连续截取单位圆周得 $A_3$、$A_4$、$A_5$ …… $A_{16}$ 各分点，并用直尺顺次连接各分点，即得正十七边形。

于是，年轻的数学家高斯用代数的方法解决了这个几何难题。不仅第一次作出了正十七边形，更为重要的贡献是他成功地给出了正 $J$ 多边形作图可能性的判别方法。

1832 年，德国另一位数学家力西罗用了八十张大纸，给出了正 257 边形的完善作法。后来，差尔美斯耗费了十年心血，按照高斯的方法作出了正 65537 边形，他的手稿占用了整整一只大手提箱。

分圆问题是个几何作图问题，而 $2^{2^n}+1$ 是否表示一个素数，则是个数论方面的问题。这两者间怎么能发生联系呢？似乎是不可思议的。然而，我们的这种感觉越是强烈，就越能说明当时高斯的发现是何等惊人。他不仅出色地解决了两千多年来遗留下来的一个几何作图难题，而且找出了"几何学"与"数论"这两个不同学科之间的微妙联系。这种善于在不同领域内寻找共同规律的思考方法，是值得我们认真学习和大力提倡的，特别是在当今科学的发展进程中，这种倾向非常明显，它不受代数、几何、微积分、拓扑、函数论、微分方程等等分科的限制，也不受数学、物理、化学、生物等等学科的限制，而是综合运用各种理论和方法的积累去研究一些共同的规律性的问题，进而发展成边缘性的学科，如生物化学、数学物理、微分几何……。如果没有这种观察问题的能力和思考问题的方法是不行的。

从分圆问题的解决，我们可以看到高斯是一位很有才华的数学家，在高等数学中有很多定理、公式和方法是以高斯的名字命名的。他不仅为数学作出了很多贡献，而且在天文学、测量学、物理学的发展上也作出了巨大的成绩。

高斯的父亲是个石匠，家境贫寒，在那个社会里，像他这样的家庭和所处的社会地位，能坚持读书是很不容易的，他必须克服许多经济上的、

生活上的困难。他刻苦求学，求知欲忘非常强烈。据历史记裁，高斯还是一个初级小学的学生时，就显现了出色的数学才能。有一次，数学教师让全班学生计算 $1+2+3+4+\cdots\cdots+100$ 的和等于多少。当别的学生还没想到如何去算的时候，高斯很快就准确地找到了答案：它们的和是 5050。感到十分谅奇的老师问他："你怎么计算的这么快呢?"高斯从容地回答："我考虑到 $1+2+3+4+\cdots\cdots+100$ 与 $100+99+98+\cdots\cdots+2+1$ 相对应的每两项之和都等于 101，因此两个式子相加恰好是 100 个 101，再取其和的一半，恰好是 5050。"老师非常满意地对高斯的回答给出了很高的评价。

高斯在学校读书时，数学和语言学都学得非常出色。在选择职业时，当他考虑自己究竟要在哪个领域里贡献力量而犹豫不决时，正十七边形作法的发现给了他很大的鼓舞，使他立即决定，终身从事数学研究工作。后来，高斯果然成了世界上杰出的大数学家。

在高斯成长的道路上，我们不难看出，勤奋学习、刻苦钻研，特别是青少年时代打好基础是非常重要的。

据材料上记载，高斯在年迈病危的时候，告诉别人说："我死后什么东西都不想要，只希望在我的墓前做一个正十七边形。"1855 年高斯逝世。人们在哥廷根城给他竖了一座纪念碑，碑座便是一个正十七棱柱，以纪念这位数学大师在青少年时代最重要的数学发现。

## 知识点

### 边缘性学科

边缘性学科（又称交叉学科）是在两个或两个以上不同学科的边缘交叉领域生成的新学科的统称。边缘学科的生成一般有两种情况，一种是某些重大的科研课题涉及到两个或两个以上学科领域，在研究过程中便在这些相关领域的结合部产生了新兴学科，诸如物理化学、生物力学、技术经济等；另一种情况，是运用某学科的理论和方法去研究另一学科领域的问题，也会形成一些边缘学科，诸如射电天文学和天体物理学等。

奇妙的数学问答

## 圆的奥秘

自行车的轮子、方向盘、圆规、电风扇、沙井盖……仔细观察你会发现生活中有好多东西都是圆形的。

蒙古包为天穹式，呈圆形，木架外边用白羊毛毡覆盖。因为它是圆形的，所以立在草原上，大风雪中阻力小，再大的地震也不会变形，顶上又不积雨雪，寒气不易侵入，是非常安全的住所。

世界上所有的生物为了生存，总是朝着对环境最有适应性的方面发展，植物也是如此，植物的茎呈圆柱形（圆锥形）也是自身生长繁衍的需要。从几何角度去理解，周长相同时，圆的面积比其他任何形状都要大，相对所需的构建原料较少。因此，圆形树干、树枝、植物茎中导管和筛管的分布数量要比其他形状要多得多，这样，圆形植物茎输送水分和养料的能力就要大，更有利于植物的生长。另外圆柱形的体积也比其他柱形的体积大，它具有很大的支撑力，当树枝上挂满果实时，它能强有力地支撑树冠，使树干不至于弯曲。植物茎的横截面呈圆形，可以减少损伤，具有更强的机械强度，能经受住风的侵袭。同时受风力的影响，植物茎各处的弯曲程度相似，不管风力来自哪个方向，植物茎承受的阻力大小相似，植物茎不易受到破坏，而且植物的茎比较柔软，可以随风摇动，不容易折断。

# 数学多棱镜

在数学的发展长河中，前人也留下了很多解不开的谜和难题。要想揭开谜的面纱，解决令众人困惑的难题，真得需要我们多动动脑筋，深入钻研一番。在揭开谜底、战胜难题之前，很多人都进行了艰难的探索和辛勤的付出，有的成功，有的失败，但无论结果怎样，他们都是数学发展史上的功臣，他们应该令后人敬仰，被我们铭记。

## 谁能揭开这些谜

### 渡河之谜

在中国的历史长河中，朵朵数学浪花闪耀着智慧的光辉，渡河问题就是其中之一。很久以前，一个船夫带着一只狼、一只羊和一捆白菜来到渡口。船夫在场时，狼和羊都很听话；船夫不在场时，狼就要吃羊，羊要吃白菜。渡口只有一只小船，小船也只能载得了船夫和三者之一。现在，船夫要把三者带过河去，显然船夫第一次只能带羊过去，否则或者狼吃羊，或者羊吃白菜。但船夫放下羊后从对岸划回来后，第二次若运狼过去，再回来运白菜时，狼在对岸就会把羊吃掉；若运白菜过去，再回来运狼时，羊在对岸又会把白菜吃掉。船夫该怎么办呢？

正当船夫左右为难时，来了一位老翁，于是船夫向老翁请教，老翁说："我在这里看着，不许狼吃羊或羊吃白菜。"可船夫说："狼或羊都不会听你的话，他们只听我一个人的指挥。"老翁想了一会儿，告诉船夫一个办法。

办法是这样的：船夫运羊到对岸后，回来将狼带过去，将狼放下后随船把羊带回来，然后放下羊把白菜带到对岸，此时对岸是狼和白菜，最后再回来运羊，这样三者都能过河了。老翁就这样运用推理巧妙地解开了渡河之谜。数学，就是要培养人的推理能力。

## 卡当公式之谜

1935 年 2 月 22 日，意大利的哥特式米兰大教堂内人头攒动，热闹非凡。人们翘首等待一场激动人心的数学比赛。比赛的挑战者是数学教授费洛的学生佛罗雷都斯，他认为三次方程求解是一个数学高峰，而当他得知出身贫寒、貌不惊人的小人物塔塔里亚会解三次方程时，心中十分震怒，于是向塔塔里亚发出挑战。比赛开始了，双方各出 30 道三次方程求解题。塔塔里亚从容不迫，运笔如飞，不到两个小时就解完了全部方程。而佛罗雷都斯却望着塔塔里亚的 30 道题一筹莫展，最后 0：30 败下阵来。

从中亚数学家花拉子模提出一元三次方程公式解后，世界数学家在探求三次方程的公式解上，经过 700 多年的艰苦探索，终于被塔塔里亚攻破了，但他并不想把成果公布于世，对求教者也一概拒之门外。他在 1539 年把这一秘诀传给了卡当，并要他保守这个秘密。卡当是 16 世纪著名数学家，也是一个具有传奇色彩的怪杰。他在获得秘诀 6 年后，自毁诺言，把它传给了他的东床快婿拉里，并于 1545 年发表在《大法》一书中。以上就是后来人们把三次方程求根公式称为卡当公式的缘由。

## 巨型石圈之谜

在欧洲西北地区的原野上，有一些奇形怪状的石圈，是用几十吨重的巨石垒砌而成的。从空中往下看，它们是大圈套小圈的一组组同心圆；从地面上看，是一层层十分坚固的石墙，每一道弧形的墙都有一些不规则的缺口，通过这些缺口人们可以方便地进入石圈中心。

这些巨型石圈究竟做什么用的，人们有很多种推测。后来，新兴的考古天文学对欧洲巨型石圈作出了较科学的解释，它认为巨型石圈是三千年前的天文观测站，因为一位英国的教授在仔细丈量了六百多个巨型石圈和它们之间的相互距离后得出结论，石圈是根据一个很准确的工程图设计建

造的，而这些设计又是依据了极为准确的天文知识和数学知识，并且证实，倘若人们站在这一巨型石圈的中央，便可以根据太阳和月亮照在石圈上留下的标记，找到日月活动的规律。

巨型石圈到底是不是天文观测站？有人反对这种观点，认为考古学家是把一些偶然巧合的事情夸大地归结为科学，所以巨型石圈之谜仍然没有解开，但可以肯定的是，这些石圈确实是经过周密的数学计算。

## 稳操胜券之谜

古语云："运筹帷幄之中，决胜千里之外。"只有正确运筹，才能稳操胜券。下面的两个游戏是数学家威索夫在 1967 年发明的：先把火柴放成两堆，两堆中的根数是任意的，然后两人轮流从甲、乙两堆中拿走一些火柴，原则是或只从甲堆中拿走一些（包括全部），或只从乙堆中拿走一些（包括全部），或从甲乙两堆中拿走相同的数目。两人轮流拿，谁拿到最后一根，谁就获胜。

举个例子：假设甲堆有 17 根火柴，乙堆有 14 根火柴，记为（17，14）。由 $A$ 先拿，$A$ 在甲、乙中分别拿走 1 根变成（16，13）；$B$ 在甲中拿走 7 根变成（9，13）；以后 $A$ 在乙中拿走 6 根；$B$ 在甲中拿走 3 根；$A$ 在甲中拿走 2 根；$B$ 在乙中拿走 5 根；$A$ 在甲中拿走 3 根，此时变成（1，2），这时不管 $B$ 如何拿，都只能变成（1，1），（0，1），（0，2）或（1，0）这四种情形，$A$ 都可以拿到最后一根火柴而获胜，所以我们称（1，2）为获胜位置，到达获胜位置就稳操胜券了。

我们可以通过倒推得到获胜位置分别为（0，0），（1，2），（3，5），（6，10），（9，15）……一旦你达到了其中一个位置，那么就一定能够胜券在握。

## 神秘的遗嘱

美国著名的科学家，避雷针的发明者本杰明·富兰克林为科学奋斗了一生，于 1790 年去世。他死后仅留下约 1 000 英镑的遗产，但令人惊奇的是，他留下了分配几百万英镑财产的遗嘱，遗嘱中写道："1 000 英镑赠给波士顿的居民，如果他们接受了这 1 000 镑，那么这笔钱应托付给一些挑选出来的正直无私的人，由他们管理，他们得把这笔钱按每年 5% 的利率

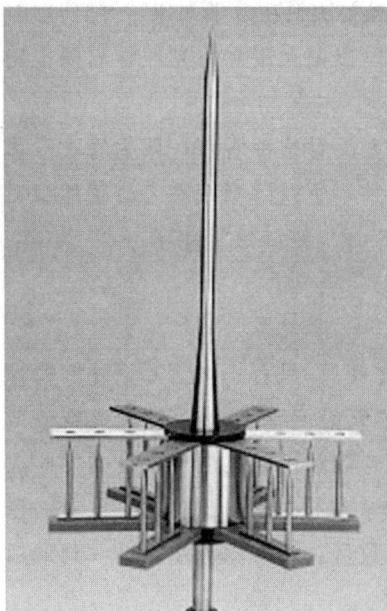

避雷针

借给一些年轻的手工业者。这笔款子过100年增加到 132 000 英镑，把其中的 100 000 英镑用来建造一座公共设施，剩下的 32 000 英镑拿去继续生息 100 年。在第 2 个 100 年末，这笔钱增加到 4 061 000 英镑，其中 1 061 000 还是由波士顿居民支配，而其余的 3 000 000 英镑由马萨诸塞州来管理。过此以后，我可不敢多做主张了。"

仅有 1 000 英镑的富兰克林，竟立下了百万财富的遗嘱。下面让我们通过计算来揭开这个谜。富兰克林原有遗产 1 000 英镑，按年利息 5％借出，第一年末应有财产 $1 000×（1+5％）$，第二年末应有财产 $1 000×（1+5％）^2$，用计算器不难算得 100 年财产数是 131 501 英镑，第 2 个一百年末，其财产应是 $131 501×（1+5％）^{100}=4 142 421$。

其数额比富兰克林遗嘱中写的还多 8 万英镑，可见富兰克林的遗嘱是可信的。

## 高速计算之谜

世界上计算速度最快的，当然是电子计算机。然而，有一些人的计算速度，毫不逊色于电子计算机，而且他们并不是数学家。有一位荷兰人叫克莱因，他高速准确的计算能力使计算中心的数学家为之瞠目。1981 年 4 月 23 日在法国巴黎，克莱因当着 3 000 名观众进行了一场心算表演。一位观众请他心算 $38×22×27$，他不加思索地写出 22 572。有人请他心算 $4 529÷29$，当他把数 156.17241379331033414827…一直写到黑板边沿上，总共才用了 20 秒钟。有人问克莱因是如何计算的，他总是笑着说，要用文字表达很难。

人脑的这种惊人的计算能力是怎样获得的，至今没有人能解释清楚，它往往是天生的，不是经后天的训练才获得的。汤姆·富勒生于非洲，后

奇妙的数学问答

被奴隶贩子贩到美国的弗吉尼亚当奴隶。虽然汤姆目不识丁，他却有着现在计算机一样的能力。一位教师对此很是惊讶，特意出了很多测验题，每次的提问汤姆都能立刻给予回答。其中有一个问题是：把 70 年 12 天零 12 小时化作秒数，结果汤姆在 90 秒钟内就得出了答案。人脑自动计算机是如何运行的？人脑究竟有多大的计算能力？这真是难解的谜啊！

## 形数桥之谜

17 世纪以前，几何与代数作为数学的两大分支一直沿着各自的轨道发展着。几何主要研究"形"，而代数主要研究"数"。数形之间能架起联通的桥吗？为了揭开形数桥之谜，不少数学家付出了辛勤的劳动。

笛卡尔是法国的著名数学家，他曾在法国奥伦治公爵的军队当一名文职军官。自从成功地解决了一个征答的数学难题后，他就对数学产生了浓厚的兴趣。他总是在想：驰骋的骏马，殒落的流星，怎样用代数方法描述这一几何曲线呢？

公元 1619 年，部队驻扎在多瑙河旁的一个小镇上。一天夜晚，笛卡尔躺在床上苦苦思索这个问题，他看到一只小虫正缓慢而笨拙地爬行，越过天花板的一个个方格。小虫停下来，它的位置能否确定呢？从西往东数在第八方格，从南往北数在第十方格，（8，10）这一组数不就可以确定小虫所在的位置吗？他豁然开朗，把点和线放在一张方格纸上（即坐标平面），用坐标这座桥就可以把几何语言翻译成代数语言。从此，他创立了一门崭新的学科：解析几何。

## 陶器几何纹之谜

新石器时代，陶器上的纹饰逐渐由动物图案转化为抽象的几何印纹。这些几何纹多数是优美流畅的直线、曲线、水波纹、云雷纹、旋涡纹、圆圈纹等等。关于这些几何纹的含义，至今仍是中国文化史上的一个谜。

一种说法是，陶器上的几何纹虽然有的来源于生活，但更多的几何纹印和部族图腾的崇拜有关。绝大多数场合下，陶器几何纹都是作为图腾或其他崇拜的标志而存在的。不同的几何纹代表不同动物为图腾的不同部落民族，这也说明了几何纹的魅力所在。

另一种说法是，陶器上的几何纹体现了原始人从实用向审美观念的转化。早期的陶器几何纹和生产密切相关，但随着社会经济的发展，人们对陶器上纹饰的需要已经是美观第一了，这足以说明几何图形所创造出的美的价值。

除了以上两种说法，几何纹还能够反映当时人们丰富的食品和较为复杂的社会生活，所以一种几何纹也可能同时代表着几种事物，具有几种含义。

## 知识点

### 避雷针

避雷针，又名防雷针，是用来保护建筑物等避免雷击的装置。在高大建筑物顶端安装一根金属棒，用金属线与埋在地下的一块金属板连接起来，利用金属棒的尖端放电，使云层所带的电和地上的电逐渐中和，从而不会引发事故。

## 延伸阅读

### 新奇的"拓扑"

说拓扑学"新奇"，主要是指拓扑学本身而言。它的确是"新"，数学家们提出拓扑学这个词才不过一百多年，1848年，德国人里斯才写出第一本关于拓扑学的书。拓扑学也的确是"奇"，下面你就亲自来体会一下拓扑学之"奇"吧。

裁四张长纸条。用毛笔把第一张纸条的两面全部涂黑。如果不准毛笔经过纸条边缘，那么涂完一面以后，必须提起毛笔，至少使它离开纸条一次，才能涂到另一面。

把第二张纸条扭转180度，使A点与D点相接，B点与C点相接，粘成一个纸圈。现在又用毛笔来涂这个纸圈，你会发现，毛笔不用离开纸面就可以把它全部涂黑。这是怎么回事？原来这个纸圈只有一个面，真是不

奇妙的数学问答

可思议！数学家称这个纸圈为"牟比乌斯带"，因为它是德国数学家牟比乌斯在 1858 年首次做来的。请你再做一个牟比乌斯带，用剪刀沿虚线把它从中间剪开，你一定以为会得到两个纸圈吧。其实，大大出乎你的预料，你会得到一个比原来长一倍窄一半，而且又是普通的有两面的纸圈了。

现在做最后一个最奇妙、也是最精彩的实验。把第四张纸条扭转 360 度后粘合起来，沿两条虚线把它剪开，剪出的不是三个分开的纸圈，而三个一样大小，互相套在一起的纸圈！拓扑学就要研究这些纸圈，你说奇不奇？

# 尺规作图三大难题解决了吗

同学们一开始学习《平面几何学》，直尺和圆规就成了亲密的伙伴，利用它们就可以作出各式各样的几何图形。如果仅仅运用直尺和圆规，根据某些已知条件，求作一个几何图形，就叫尺规作图问题，也叫几何作图问题。几何作图问题，对发展学生的智力是有益的，在这一节里我们想通过古代尺规作图三大难题的故事，向读者介绍尺规作图的解析准则（或者称为判别法）。

## 尺规作图三大难题

大约在二千四百多年前，在希腊盛传着下列三个几何作图题：1. 三等分角问题。把一个已知角分成三等份。2. 立方倍积问题。求作一个立方体，使它的体积等于一个已知立方体的二倍。3. 化圆为方问题。求作一个正方形，使它的面积等于一个已知圆的面积。这三个几何作图题是著名的古典难题，一向被称为几何三大问题。

两千多年来，许多著名的数学家都曾经致力于这三大问题的研究。虽然借助于别的工具或曲线可以轻易地解决，然而要想仅用直尺和圆规来完成，却终未成功。于是，有人认为这三个问题不能只用尺、规来作图。

在上古时代，大约公元前 5 世纪时，人们就提出，既然一个线段可以三等分，那么一个角能不能三等分呢？显然，所给的角如果是 90°或者 180°，用尺规三等分是极为容易的。所谓三分角问题，就是说任意给定一个角，作图工具仅限于直尺和圆规，能不能将这个角三等分。这是历史最为长久、流传最为广泛的一个几何作图问题。两千多年来，不断有人在这个题目上花费时间，如 1936 年 8 月 18 日《北京晨报》上曾经发表了一条消息说："郑州铁路站站长汪君，耗费了 14 年的精力，终于解决了三分角问题，并把作法寄往各国，颇引起国内外人士的关注。可是，不久就有许多人陆续指出他的作法是错误的。1966 年以前，中国科学院数学研究所每年都收到不少"解决三分角问题"的来稿，可是每稿都有错误。后来，他们只好在《数学通报》上发表启事，让人们不要白白浪费时间去解这个不可解的几何作图题。三等分任意一个角是不可解的，这一事实早在 140 年前，人们就清楚了。当然读者要问："为什么不可解呢？"为了叙述上的方便，关于"不可能性"的证明思想，放在后面来讲。

第二个作图难题是倍立方问题。就是要求作一个立方体，使其体积等于已知立方体体积的两倍。关于这个问题的提出，曾经有一个有趣的传说。远在公元前 4 世纪的古希腊，瘟疫流行，到处死人，无法解除。有人便请教当时唯心主义的哲

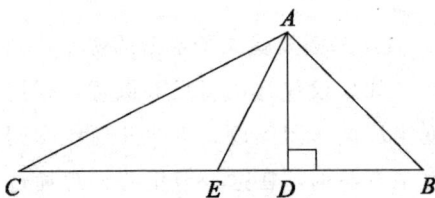

三等分角

学家柏拉图，他便许愿说："将叙利亚神庙的立方体祭坛扩大一倍来祈求神的宽恕，这样把神的怒气消下去了，瘟疫也就消失了。"因此，人们就将祭坛的各棱延长一倍，重新建造了这个祭坛，结果瘟疫照样流行。当再次请教柏拉图时，他看了新建的祭坛后说："所建的新祭坛比原来的祭坛扩大了八倍，而不是一倍，所以不能消除瘟疫的流行。"人们为了解除灾难，便千方百计地想办法，如何建造一个新的祭坛，使它的体积恰好是原来祭坛的两倍，这件事轰动了当时希腊的数学界。所以，倍立方问题又以"叙利亚神问题"相传。

传说未见得是真的，但数学问题却是千真万确的。显然，从代数的观点来看，若设原立方体祭坛的棱长为 $a$，新立方体祭坛的棱长为 $x$，则倍立方体的体积即可表示为代数方程

$$X^3 = 2a^3$$

不妨设 $a=1$，则问题变为三次方程式 $x^3 = 2$ 的求解问题。显然，此方

程的唯一正实根为 $x = \sqrt[3]{2}$，因此取定一个线段，把它看做单位长（即规定其长度为 1），那么只要我们能用直尺和圆规作出一条线段之长为 $\sqrt[3]{2}$，那就能作出一个二倍于单位立方体来，然而这也是不可能的。为什么又是不可能呢？还是让我们在后面统一向读者说明理由吧。

第三个尺规作图难题就是圆化方问题。即要求作一个正方形，使其面积等于一个已知圆的面积，设正方形的边长为 $X$，圆的半径为 $r$，则圆化方问题即可表示为代数方程

$$x^2 = \pi r^2$$

不妨设 $r=1$，则圆化方问题变为 $x^2 = \pi$ 的方程是否有正实根的问题，也就是依靠直尺和圆规作出一条线段，使它的长度等于 $\sqrt{\pi}$。由此可见，圆化方的问题和 $\pi$ 值的计算问题是紧密联系在一起的。圆化方的问题虽然在古希腊数学史上出现最早，但他们却没有有意识地去寻求 $\pi$ 值的计算。

关于圆化方问题，早在公元前古埃及的数学家曾得到这样一个结论，即"如果正方形的边长等于圆的直径的 $\frac{8}{9}$ 时，则它们的面积相等"。当然，在今天看来这个结论是错误的，但在远古时代能得到这样的近似值，足以令人惊讶，这就是圆化方问题最早的研究成果。据传，埃及人是用经验的方法得到这个结果的。如图埃及人是在囤的边长等于圆的直径的正方形上铺上一层种子，再分别计算这两个图形上种子的粒数，知道正方形上种子的粒数开始时一定比圆上的多，然后逐步缩短正方形的边长，并重复这样的试验，最后得出结论：只有当正方形的边长等于圆的直径的 $\frac{8}{9}$ 时，正方形上种子的粒数才等于圆上种子的粒数，即通过这样试验的方法得到当正方形的边长等于圆的直径的 $\frac{8}{9}$ 时，该二图形的面积相等。当然，这只是个精确度很差的近似等式。讲到这里，读者还要问："圆化方问题解决没解决呢？能不能解决呢？"答案还是不能解。为什么？待读者看完下面一段后，自然就明白了。

## 能不能解，到底看什么？

从上述三个尺规作图难题中，我们看到人们为了寻找这三个问题的答案，走过了多么艰难曲折的路啊！用的时间是一千多年，花费的精力之大

也是无法计算的。这使我们想到：能不能给出一个解析判别的方法，根据已知条件判别一下，能解还是不能解，一看就知道，免得我们再遇到此类问题时又走弯路。当然，这是不成问题的。

每一个平面几何作图题，都可以放到坐标平面上来考虑一下，只要在平面上引进坐标系就可以了。平面几何作图题总是要求人们去作出一些线段，或者定出一些点的位置，因为点的位置都可用坐标来确定，所以归根结底，作图题无非是要求人们作出具有某种长度的线段。当然，每两个坐标点联结起来也就确定了一条线段。因此，可以说几何作图归根结底无非是要求定出某些坐标点。

在平面几何作图题里，总可以把一条已知线段（或给定的某一线段）当作"单位长线段"，就是说把已知线段作为长度是 1 的线段，于是利用尺规能很容易将该线段 $n$ 等分，从而求得长为 $\frac{1}{n}$ 的线段，再把线段增大 $m$ 倍，又可得到长为 $\frac{m}{n}$ 的线段。总之，一切以有理数为长度的线段都可以作出来。以下我们把点的坐标或线段长度都简称为"几何量"。

设 $r$ 为任一正有理数，则以平方根 $\sqrt{r}$ 为长度的线段也可以作出来。事实上，如图所示，利用 $1+r$ 为直径作半圆，从线段连接点 $p$ 引垂线交圆周于 $Q$，则 $\overline{PQ}=\sqrt{r}$。由此看来，一切以正有理数的平方根为长度的线段都可用尺规作出来。

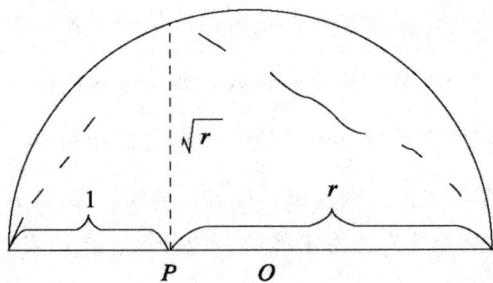

以 $1+r$ 为直径作半圆

反复利用上述手续，可见以 $\sqrt[4]{r}$、$\sqrt[8]{r}$……为长度的线段也都可以作出来。一般说来，只要是有理数经过有限多次"加、减、乘（乘方）、除、开平

方"五则运算得出的数量，都可以用尺规作出以这些数量为长度的线段来，因此这些数量就可叫做"可作图几何量"。例如下面的数量

$$\sqrt{(7+\sqrt{\frac{2}{3}+\sqrt{5}}\times\sqrt{\frac{3}{5}}}$$

就是一个"可作图几何量"，因为人们总可以用尺规作出以这个数量为长度的线段来。若用 $a$、$b$、$c$ 表示已知线段，$K$ 表示自然数，下面一些简单式子所表示的都是"可作图几何量"。

(1) $a+b$；(2) $a-b$ $(a>b)$；(3) $Ka$；(4) $\dfrac{a}{K}$；(5) $\dfrac{ab}{c}$；(6) $\sqrt{ab}$；

(7) $\sqrt{a^2+b^2}$；(8) $\sqrt{a^2-bb}$ $(a>b)$

这些式子所表示的几何作图题，都是大家熟知的平面几何中的作图题。(1)、(2) 是作两线段的和与差；(3)、(4) 是作两线段的倍量和分量；(5) 是作已知三线段的第四比例项；(6) 是作两已知线段的比例中项；(7) 是作直角三角形的斜边；(8) 是作直角三角形的直角边。为了使读者便于理解"可作图几何量"，我们再举一个例子：

已知线段 $K$、$a$，求作线段 $x$，使 $x=\dfrac{\sqrt{2K^2-a^2}}{2}$。

分析：因为 $\dfrac{\sqrt{2K^2-a^2}}{2}=\sqrt{\dfrac{K^2}{2}-(\dfrac{a}{2})^2}$

令 $y^2=\dfrac{K^2}{2}$，即 $y=\sqrt{\dfrac{K^2}{2}}=\sqrt{K\cdot\dfrac{K}{2}}$

从而知道 $y$ 线段是 $K$ 和 $\dfrac{K}{2}$ 两条线段的比例中项，所以 $y$ 线段可以作出来。$y$ 线段、$a$ 线段作出后，所求的 $x$ 线段就可以作出来。

**作法**：如图截 $AH=\dfrac{K}{2}$，$HB=K$，以 $AB$ 为直径作半圆周，再以 $H$ 为垂足作 $HD\perp AB$，与半圆周交于 $D$，则 $HD=y$。再以 $HD=CE$ 为直径作半圆 $\overparen{CFE}$，以 $C$ 点为中心，以 $\dfrac{a}{2}$ 半径画弧与半圆交于 $F$，连接 $CF$ 和 $EF$，则 $FE$ 即为所求的线段 $x$。

我们知道，直尺和圆规的作用是：前者可以通过两个定点引直线（作线段），后者可以用定点为中心，用定长为半径画圆周。尺规作图的基本步骤无非就是通过这三种方式：直线与直线相交、直线与圆相交、圆与圆相

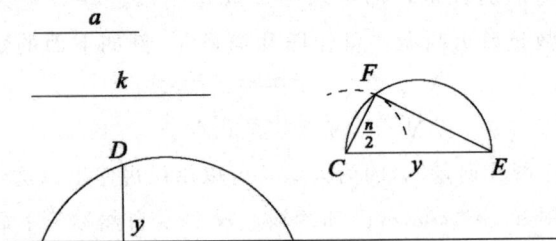

求作线段 $x$

交，来确定一些点的位置（坐标点）。

既然作为已知条件预先给定的几何量（线段或点的坐标）都是可作图几何量，所以表现出来的直线方程（一次方程）与圆周方程（二次方程）的系数也都是一些可作图几何量。求交点无非是解方程组，而无论是解一次方程组或者二次方程组，只须用到五则运算（＋、－、×、÷、$\sqrt{\phantom{x}}$）就够了，因此通过尺规作图最后所能得出的几何量仍然只能是一些可作图几何量。

上面的分析使我们得出尺规作图的解析判别法：尺规作图法所能作出的线段或点，只能是经过有限次加、减、乘、除及开平方（指正数开平方，并且取正值）所能作出的线段或点。

这个尺规作图解析判别法，是 1638 年法国数学家笛卡儿创立了《解析几何学》后，于 1837 年才获得的。随后从否定方面解决了三分角问题和倍立方问题，关于圆化方问题，直到 1882 年德国数学家林德曼证明了 $\pi$ 和 $\sqrt{\pi}$ 都是超越数（即它不可能是某个整系数代数方程的根）。当然它们不局限于"可作图几何量"的范围，所以圆化方问题也是尺规作图无法解决的问题。

从这个尺规作图判别法可以看到，如果能把作图问题的代数方程列出来，能解不能解，一看就知道了。例如：当我们得到这个判别法后，倍立方问题和圆化方问题的"不可能性"，一看就知道了。下面我们再解出三分角问题的代数方程。

设已知角的三分之一为 $\alpha$，则已知角为 $3\alpha$，我们取它的余弦（或者正弦），根据平面三角学的三倍角公式有：

$$\cos 3\alpha = 4\cos^2 \alpha - 3\cos \alpha$$

令 $2\cos 3\alpha = m$，$2\cos \alpha = x$，我们得到：

$$x^3 - 3x = 0$$

容易看到，这就是三分角问题的代数方程，这个方程的根 $x$ 一旦能用尺规作图作出来，则它的大小就可以用尺规作出来。然而，这个代数方程对于任意给出的已知角，它的根 $x$ 并不能表示成"可作图几何量"，因此三分角问题用尺规作图解法是不能解的。

## 为什么要限制作图工具呢？

古代尺规作图三大难题所以难，就难在作图工具只能用直尺和圆规。如果作图工具不加限制，那么这三个问题都很容易解决。我们以最困难的圆化方问题为例，如图设已知圆的半径为 $r$，则它的面积为 $\pi r^2$。我们用泥土作一个正圆柱，使其下底与已知圆等积，高为 $\frac{r}{2}$，然后将这个圆柱在平面上滚一周，在平面上就画出一个矩形，它的长为 $2\pi r$、宽为 $\frac{r}{2}$，因为 $\frac{r}{2} \cdot 2\pi r = \pi r^2$，所以这个矩形的面积与圆的面积是相等的。从而问题就变为求作一个正方形与此矩形具有相等的面积，这显然是容易办到的。

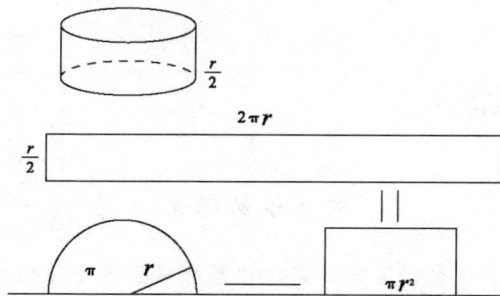

限制作图工具里的圆化方问题

现在我们认为，这种限制没有必要了，作图时可以使用任何工具，只要作法正确就行。然而，如果古代希腊数学家柏拉图及其学派不做这样的限制，那么关于这三个难题的许许多多的讨论和探求也就不会发生，因而也许正是这些限制才导致数学里许许多多新的方法、新的领域的出现。可以说，希腊几何学家所发明的新定理和方法，差不多都是因为要解决这三个问题而引出来的，柏拉图及其学派作这种限制的历史意义，也就在于此。

从笛卡尔创建《解析几何学》开始，到尺规作图解析判别法的获得，我们还可以看到，一般数学方法的获得远比解决一个具体问题重要得多。正是由于用代数方程来研究几何问题的新方法的出现，尺规作图解析判别法才能产生，这就说明我们在研究数学问题时，不仅要一个问题一个问题地去探讨，更要注意学习和研究处理数学问题的新方法，这也是学好数学的一条重要途径。

## 知识点

### 柏拉图

柏拉图（Plato，Πλάτων，约前 427 年—前 347 年），古希腊伟大的哲学家，也是全部西方哲学乃至整个西方文化最伟大的哲学家和思想家之一，他和老师苏格拉底、学生亚里士多德并称为古希腊三大哲学家。

### 延伸阅读

### 对 π 值的探索

在我国古代，对于 π 值的研究和计算，却有着光荣而悠久的历史。伟大的数学家祖冲之（429—500 年）对 π 值的研究和计算作出了很大贡献。早在公元 460 年，他就求出 π 的值是：

$$3.1415926 < \pi < 3.1415927$$

当时祖冲之为了便于人们使用，还确定出用两个比较精密的分数 $\frac{22}{7}$ 作为约率、$\frac{355}{113}$ 作为密率。这是祖冲之继我国古代另一位数学家刘徽的剖圆术之后，对 π 值的计算工作的重要发展，他的成就成为古代数学史上光辉的一页。当然，现在有了电子计算机，要算出 π 值的上千万位都是轻而易举

的事，可是在公元 5 世纪，在计算工具非常落后的情况下，祖冲之能算出这样准确的结果，需要付出何等艰巨的劳动啊！德国数学家奥托于公元 1573 年才获得这个近似数值，比祖冲之晚了一千一百多年，也就是说外国人直到公元 16 世纪，在 π 值的计算上才超过祖冲之的研究成果。由此可以看出，祖冲之这一光辉成就的世界意义，也可以看到我们伟大祖国的数学已经发展到相当高的水平。

## 概率是什么

概率论的产生，有一段不好的名声。17 世纪的一天，保罗与著名的赌徒梅尔赌钱。他们事先每人拿出 6 枚金币，然后玩骰子，约定谁先胜了三局谁就得到 12 枚金币。比赛开始后，保罗胜了一局，梅尔胜了两局，这时一件意外的事中断了他们的赌博。于是，他们商量这 12 枚金币该怎样合理地分配。保罗认为，根据胜的局数，他自己应得总数的 1/3，即 4 枚金币，梅尔应得总数的 2/3，即 8 枚金币。但精通赌博的梅尔认为他赢的可能性大，所以他应该得到全部赌金。于是，他们请求数学家帕斯卡评判。帕斯卡得到答案后，又求教于数学家费马。他们一致的裁决是：保罗应分 3 枚金币，梅尔应分 9 枚金币。

其中费马是这样考虑的：如果再玩两局，会出现四种可能的结果——梅尔胜，保罗胜；保罗胜，梅尔胜；梅尔胜，梅尔胜；保罗胜，保罗胜。其中前三种结果都是梅尔取胜，只有第四种结果才是保罗取胜。所以，梅尔取胜的概率为 3/4，保罗取胜的概率为 1/4。因此，梅尔应得 9 枚金币，而保罗应得 3 枚金币。帕斯卡和费马还研究了有关这类随机事件的更一般的规律，由此开始了概率论的早期研究工作。

1777 年的一天，法国自然哲学家布丰先生请来了满堂的宾朋，他要给大家做个有趣的实验来解解闷。只见 70 高龄的布丰先生兴致勃勃地拿出一张白纸，纸上面画满了一条条距离相等的并行线，然后他抓出一大把小针，对大家说："请诸位把这针一根一根地往纸上随便扔吧，妙事自然会出现"。客人们不知道他葫芦里卖的是什么药，好奇地把小针一根根地往纸上乱扔。布丰在旁边不停地记着数。小针扔完了，收起来又扔。最后，布丰宣布结

π
3.141
5926535
8979323846
2643383279502
8841971693993751

**圆周率**

奇妙的 **数学** 问答

果：大家共投针 2 212，得数为 3.142。他笑了笑说："这就是圆周率的近似值。"这就是数学史上有名的"投针试验"。

赌徒输赢的概率是古典概率的数学模型，这里讲的是几何概率的典型例子。一般来说，设平行线的距离为 $a$，针长为 1（1 小于 $a$），投掷次数为 $N$，与直线相交次数为 $n$，则圆周率 $\pi = 2lN/an$。上面的实验中，布丰用的小针长恰为平行线间的距离的一半，所以公式可以简化为 $\pi = N/n$。后来不少人根据布丰创造的方法计值，其中以 1901 年意大利人拉查里尼投针 3 408 次，相交 1 808 次，求得的 6 位准确小数 3.1415929 为最佳结果。

为了方便而且快速地知道某个湖中有多少鱼，渔民们常用一种称为"标记后再捕"的方法。先从湖里随意捕捉一些鱼上来，比如说捕到 1 000 尾，在每条鱼身上做记号后又放回湖中。隔一段时间后，又从湖中随意捕一些鱼上来。如果第二次捕到 200 尾，看其中的标记的鱼有多少尾，如果 10 尾有标记，那么渔民就会估出湖中的鱼大约有 20 000 尾。

渔民们是这样想的：200 尾鱼中有 10 尾是有记号的，如果湖中鱼是均匀分布的，那么每尾有记号的鱼被捕到的可能性的大小是 10/200＝1/20。假设湖中有鱼 $n$ 尾，其中 1 000 尾是有标记的，那么每尾有记号的鱼被捕到的可能性大小应该是 1 000/$n$，所以有 1 000/$n$＝1/20，即 $n$＝1 000×20＝20 000（尾）。

数学家们通常把上述度量事件出现的可能性大小的量叫做"**概率**"。概率论就是研究这种随机事件出现的可能性的数学分支，它在现代科学技术中应用很广泛。"湖中有多少鱼"的问题就是概率论中的一个比较著名而且是最简单的问题。又如，工厂里检验产品的废品率也可运用同样的概率论原理。

124

## 知识点

### 圆周率

圆周率，一般以 π 来表示，是一个在数学及物理学普遍存在的数学常数。它定义为圆形之周长与直径之比，它也等于圆形之面积与半径平方之比，是精确计算圆周长、圆面积、球体积等几何形状的关键值。

## 延伸阅读

### 男婴女婴的出生率不等

关于概率与性别，一般人或许认为生男生女的可能性是相等的，各占 50%，事实并非如此。法国著名数学家拉普拉斯在 1814 年出版的《概率的哲学探讨》一书中，调查研究了生男生女的概率问题。他根据伦敦、彼得堡、柏林和全法国的统计资料，得出几乎完全一致的男婴出生数与女婴出生数的比值：在 10 年间总是摆动在 51.2：48.8 左右。这就是说，男婴出生数一般比女婴出生数略高。国内外大量的人口统计资料也表明，男婴女婴出生比率是 51.2：48.8 左右。

为什么男婴出生率要比女婴出生率会略高一点儿呢？这是生理学上很有趣的一个研究课题。生理学家认为，可能是男性含 X 染色体的精子（决定生女）与含 Y 染色体的精子（决定生男）有某种差别的缘故。从概率观点来看，因为含 X 染色体的精子与含 Y 染色体的精子进入卵子的机会不完全相等，所以造成男婴女婴出生率的不相等，而最先发现这个现象的不是生理学家，却是研究概率的数学家。

我国不但是数学史最长的国家，而且在世界数学发展过程中占有重要的地位。祖氏原理在我国古代的实际应用有过很有趣的传说和实例。据传，北魏有个官吏，拿了表面上极为相似的两个铜龙，让祖氏判断它们的体积相等。祖氏不慌不忙地用丝线量了对应高的两个地方，计算出一个地方的截面积和另一个地方的截面积不等，当即断定这两个铜龙体积不等。后来，铜匠用铸铜龙时所耗的铜料证明了祖氏结论的正确，使这位官吏惊叹不已。

祖氏原理是指："幂势既同，则积不容异。幂是截面积，势是立体的高。"这句话的意思是夹在两个平面的两个几何体，如果被平行于这两个平面的任何平面所截得的两个截面的面积相等，那么两个几何体的体积相等。祖氏正是根据这一原理得到了球体积公式。

在敦煌石窟的一些算经中，有这样一道题目：一个珍珠的直径为 2 寸，一个铜球的直径为 2 尺，它们的体积各是多少？给出的答案是珍珠的体积是 4.16 立方寸，铜球的体积是 4.16 立方尺。与利用球体积公式算出的结果完全一致，这说明祖氏的球体积公式早已被应用到实际生活中了。这个公式的提出，比意大利的数学家卡瓦利里推导的公式早了 1 000 多年。这是一个非常了不起的成就。

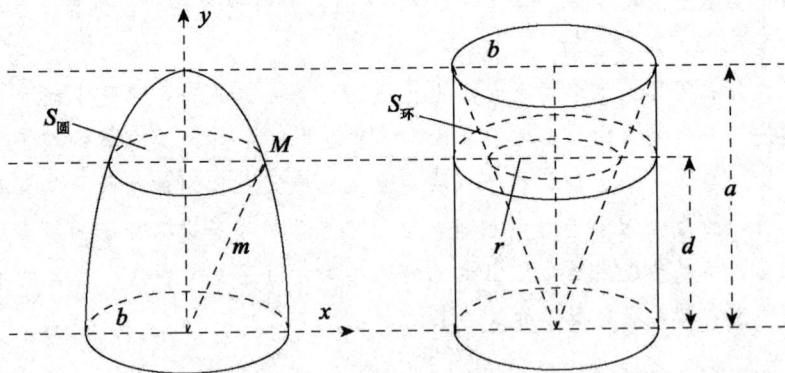

球体积公式

我国在数学上的光辉成就，在世界数学史上享有崇高的荣誉，远远走在世界各国的前面。

位值制的最早使用，我国是十进制和二进制的故乡。甲骨文和金文就是用十进制记载的，二进制则起源于《周易》中的八卦。勾股定理，国外也称毕达哥拉斯定理，但商高提出勾股定理比毕达哥拉斯早100多年。祖冲之使圆周率准确到小数点后7位，创立了当时世界最精确的记录。二项式系数法则的最早发现，早在11世纪，贾宪就已发现二项式系数的规律，并作出了一张图，称开方作法本源图。分数的最早使用。《九章算术》是世界上系统叙述分数的最早著作，比欧洲早约1 400多年。小数的最早使用。刘瑾在1300年左右于《律吕成书》中记录了世界上最早的小数表示法。负数的最早使用。负数最早出现于我国《九章算术》和《方程》一章中。最早的不定方程。真正最早提出不定方程的是我国的《九章算术》而不是丢番图。增乘开方法。增乘开方术最早见于贾宪的著作，后经杨辉、秦九韶等人不断完善。中国剩余定理，又称孙子定理，最早见于《孙子算经》一书中。

## 知识点

### 敦煌石窟

敦煌石窟，又名莫高窟（Dunhuang Caves）俗称千佛洞，被誉为20世纪最有价值的文化发现、"东方卢浮宫"，坐落在河西走廊西端的敦煌，以精美的壁画和塑像闻名于世。它始建于十六国的前秦时期，历经十六国、北朝、隋、唐、五代、西夏、元等历代的兴建，形成巨大的规模，现有洞窟735个、壁画4.5万平方米、泥质彩塑2415尊，是世界上现存规模最大、内容最丰富的佛教艺术圣地。近代发现的藏经洞，内有5万多件古代文物，由此衍生专门研究藏经洞典籍和敦煌艺术的学科——敦煌学。1961年，被公布为第一批全国重点文物保护单位之一。1987年，被列为世界文化遗产，世界上现存最大的佛教艺术宝库。

奇妙的
数学
问答

## 未知数的由来

"天元术"最早出现在李治所著的《测圆海镜》一书中，它是建立代数方程的一般方法，相当于"设某某为 $X$"，并以此建立方程。

当时人们把未知数叫"元"，对多个未知数，则分别称为"天元"、"地元"、"人元"、"物元"，相当于我们今天所设的未知数 $X$、$Y$、$Z$、$U$。李治还用"天、上、高……"表示 $X$、$X^2$、$X^3$……，用"地、下、低……，表示 $1/X = X-1$、$1/X^2 = X-2$、$1/X^3 = X-3$……。

"天元开方式"或称为"天元式"，就是一元高次方程。李治在他所著的《测圆海镜》和《益古演段》中对"天元术"进行了系统的论述，他还突破了前人对一元方程系数和常数项的正、负号的限制。

用"天元术"来列方程的方法，后人分析并非完全由李治一人发明，一般认为此法已于 12 世纪中叶在中国出现，而由李治整理成书。欧洲的数学家们，到 16、17 世纪才做到这一点。

# 是非难辨的悖论

常识和科学告诉我们：假如说一个论断是正确的，那么无论作怎样的分析、推理，总不会得出错误的结论；反过来，也是一样。于是，早在两千多年前的古希腊，人们就发现了这样的矛盾：用公认的正确推理方法，证明了这样两个"定理"，承认其中任何一个正确，都将推证出另一个是错误的。甚至有这样的命题：如果承认它正确，就可以推出它是错误的；如果承认它不正确，又可以推出它是正确的。这种事看来十分荒唐，而事实上却是客观存在的，这种现象科学家称之为"悖论"。悖论令你眼花缭乱，使你是非难辨。在悖论面前，请你一定擦亮双眼！

## 悖论的力量有多大

一天，萨维尔村的理发理师挂出一块招牌：村里所有不自己理发的男人都由我给他们理，我也只给这些人理发。于是有人问他："您的头发由谁理呢？"理发师顿时哑口无言。因为如果他给自己理发，那么他就属自己给自己理发的那类人，但是招牌上说明他不给这类人理发，因此他不能自己理。如果由另外一个人给他理发，他就是不给自己理发的人，而招牌上明明说他要给所有不自己理发的男人理发，因此他应该自己理。由此可见，不管怎样推论，理发师的话都是自相矛盾的。

这就是著名的"罗素悖论"，它是由英国哲学家罗素提出来的，他把关于集合论的一个著名悖论用故事通俗地表达出来。

1874年，德国数学家康托尔创立了集合论，而且很快渗透到大部分数学分支，并成为它们的基础。但到了 19 世纪末，集合论中接连出现了一些自相矛盾的结果，特别是 1902 年罗素悖论的提出，使数学的基础动摇了，这就是所谓的第三次"数学危机"。此后，为了避免这些悖论，数学家们做了大量的研究工作，由此产生了大量的新成果，也带来了数学观念的革命。

今天，虽然数学家还不能合理地解释悖论，但正是在这种解释的努力中，数学家们取得了一系列的发现，导致了大量新学科的建立，推动了数学科学的发展。悖论还反映了严密数学科学并不是铁板一块，它的概念、原理之中也存在许多矛盾，数学就是在解决矛盾中逐渐发展完善起来的。

悖论的存在还告诉人们，在学习与研究数学时，必须牢记古希腊数学家的名言：要怀疑一切，只有这样才能有所发现。

## 知识点

### 悖论

悖论指在逻辑上可以推导出互相矛盾之结论，但表面上又能自圆其说的命题或理论体系。悖论的出现往往是因为人们对某些概念的理解认识不够深刻正确所致。悖论的成因极为复杂且深刻，对它们的深入研究有助于数学、逻辑学、语义学等等理论学科的发展，因此具有重要意义。

### 延伸阅读

### 悖论的形式

悖论有三种主要形式：

1. 一种论断看起来好像肯定错了，但实际上却是对的（佯谬）。

2. 一种论断看起来好像肯定是对的，但实际上却错了（似是而非的理论）。

3. 一系列推理看起来好像无法打破，可是却导致逻辑上的自相矛盾。

## 这些悖论你知道吗

### 直角也能等于钝角？

直角就是等于 90°，而钝角都大于 90°，它们怎么能相等呢？

设 $ABCD$ 为任意矩形，在矩形之外作与 $BC$ 等长的线段 $BE$，因而它也等于 $AD$。作 $DE$ 和 $AB$ 的垂直平分线，因为它们垂直于不平行的直线，它们必定相交于一点 $P$，连 $AP$、$BP$、$DP$、$EP$。由于在一条线段的垂直平分线上的任意一点到该线段的两个端点等距离，所以 $PA=PB$，$PD=PE$。此外，根据作图 $AD=BE$，所以在 $\triangle APD$ 和 $\triangle BAP$ 中，三条边分别对应相等。于是，$\triangle APP$ 与 $\triangle BPE$ 是全等的，所以 $\angle DAP=\angle EBP$，但是因为 $\angle BAP$ 与 $\angle ABP$ 是等腰三角形 $APB$ 的底角，所以 $\angle BAP=\angle ABP$。于是 $\angle DAP-\angle BAP=\angle EBP-\angle ABP$（等量减等量）即 $\angle DAG=\angle EBA$，也就是说一个直角等于一个钝角。

谁都知道这个结果是错的，但错在什么地方呢？原来，一般来说，$PE$根本就不会通过矩形 $ABCD$ 的内部！只要把图作得标准一点，就会发现这一点。

### 任意三角形都等腰？

设 $ABC$ 为任意三角形，作 $\angle C$ 的平分线和 $AB$ 边的垂直平分线，设两线的交点为 $E$。从 $E$ 作 $AC$ 和 $BC$ 的垂线 $EF$ 和 $EG$，并且连结 $EA$ 和 $EB$。

现在，直角三角形 $CFE$ 和 $CGE$ 是全等的；因为每一直角三角形都以 $CE$ 为共同的斜边，而且 $\angle FCE=\angle GCE$（由角平分线定义），于是 $CF=CG$。同时，直角三角形 $EFA$ 和 $EGB$ 是全等的，因为一个三角形的直角边 $EF$ 等于另一个直角边 $EG$（角 $C$ 的平分线与该角的两边距离相等），并且因为一个三角形的斜边 $EA$ 等于另一三角形的斜边 $EB$（线段 $AB$ 的垂直平分线的任意一点 $E$ 与线段的两个端点距离相等），所以 $FA=GB$。

由上面两条得出：$CF+FA=CG+GB$（等量加等量）即 $CA=CB$，也就是说，这个三角形是等腰的。

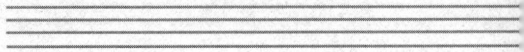

这个结论肯定是错误的，因为很容易作出一个三条边长为 3、4、5 的三角形，它当然不是等腰三角形，而我们的结论却说这样一个三角形也一定是等腰的。那么，错误出在哪里呢？问题在于：E 点的位置一般来说总是在△ABC 的外面，而不是在它的里面。可见，正确作图也可以帮助我们理解许多问题。

## 部分等于整体？

整体大于部分，这是一条古老而又令人感到无可置疑的真理。把一个苹果切成三块用，原来的整个苹果当然大于切开后的任何一块，但这仅仅是对数量有限的物品而言。17 世纪科学家伽利略发现，当涉及无穷多个物品时，情况可就大不一样。

比如有人问你整数和偶数哪一种数多呢？也许你会认为，当然是整数比偶数多，而且是多一倍，我们可以用一一对应的方法来比较一下事实是不是这样：……−3，−2，−1，0，1，2，3，4，5，6……；……−6，−4，−2，0，2，4，6，8，10，12……对于每一个整数，我们可以找到一个偶数和它对应，反过来对于每一个偶数我们又一定可以找到一个整数和它对应，这就是整数和偶数是一一对应的，也就是说整数和偶数一样多。为什么会得出这样的结论呢？这是因为我们现在讨论的整数和偶数是无限多的，在无限的情况下整体可能等于部分。

在这个思想的启发下，19 世纪后期德国数学家康托尔创立了集合论，它揭示：部分可以和整体建立一一对应关系。它也告诉人们，不要随便地把在有限的情形下得到的定理应用到无限的情形中去。

## 怪诞的形状

有这样一个台阶，你可以永远沿着它转圈，但却总是在向上攀登，而且一次又一次地回到它原来的位置。这个"不可能台阶"是由英国遗传学家列昂尼尔·S. 彭罗斯和他的儿子数学家罗杰尔·彭罗斯发明的。后者于 1958 年把它公布于众，人们常称这台阶为"彭罗斯台阶"。

请看那位骑士的武器上有两个尖儿，还是三个尖儿？这个不知有两个尖儿还是三个尖的武器图形，不知出自何处。自 1964 年它开始在一些工程师以及其他一些人中流传。《疯狂》杂志 1965 年 3 月号的封面画的是阿而

费雷德·E. 纽螺把这个东西立在自己的食指上。

还有，你能做出板条箱吗？它的出处亦不可考，它出现在伊谢尔的另一幅画"望塔"的画面上（伊谢尔为荷兰画家）。

这三件不可能形体让我们知道，我们常常很容易被一些几何图形迷惑，而实际上它们在逻辑上是矛盾的，所以是不可能存在的。

## 人口爆炸

近来，我们听到很多关于地球上人口增长多么快的议论了。妇女反对控制生育，同盟主席宁尼夫人不同意这种说法，她的观点是：一个人生来就有父母双亲，这父母二人中每一个又有一父一母，这就有四个祖父母辈的人，每个祖父或祖母又有父母二人，所以就有 8 个曾祖父母。你每往上数一辈，祖宗的数目就增加一倍。如果你回溯到中世纪，你就会有 1 048 576 个祖宗！把这个应用到今天每个活着的人身上，那么中世纪的人口就会是现在人口的一百多万倍！宁尼夫人肯定这是不对，可是她的推理哪里出了错呢？

宁尼夫人论点的谬误在于：她既没有考虑到一个祖宗上远亲联姻的夫妇，又没考虑到构成每个活人的祖宗上的人群的大量"交送"。这样她把人口计算了成千上万次，所以导致了她的观点的错误。

## 绕着姑娘转圈

"啊！梅蒂尔，你在树后藏着吗？"当一个男孩儿绕着树转的时候，梅蒂尔也这样做，她绕着树横走，鼻子总是朝着树，所以那男孩儿始终看不到她。他们这样绕树转一圈后，都回到了原来位置。这时，男孩儿绕梅蒂尔转了一圈吗？当然了，他既然绕着树转了一圈，就必然绕着姑娘也转了一圈，但是这个观点并不能站住脚，因为即使那里没有树，他也一直未能看到梅蒂尔的后背，既然是绕着一个物体转一圈，怎么能看不到它的所有各面呢？

这个古老的悖论一般是以猎人和松鼠的形式出现，松鼠蹲在树枝上，猎人绕着树枝转的时候，松鼠也一直在转，所以它总是在面向猎人。当猎人绕树转一圈后，他也绕松鼠转了一圈吗？

"绕着转了一圈"这意味着什么？如果我们在这方面没有一致的看法，

则对上面的问题显然是无法回答的，当双方一旦认识到他们所争论的只是如何定义一个词时，困难就很快解除了。

## 小世界概论

近来很多人相信巧合是由星星或别的神秘力量引起的。譬如说，有两个互不相识的人坐同一架飞机。二人对话。甲说："这么说，你是从波士顿来的！我的朋友露茜·琼斯是那的律师。"乙说："这个世界多小啊！她是我妻子最好的朋友！"这是不大可能的巧合吗？统计学家已经证明并非如此。

在麻省理工学院，由伊西尔领导的一组社会科学家对这个"小世界概论"作了研究。他们发现，如果在美国随选两个人，平均每个人大约认识1 000个人。这时，这两个人彼此认识的概率为1/100 000，而他们有一个共同的朋友的概率却急剧升高到1/100。而他们可由一连串熟人相互联系（如上面列举的二人）的概率实际上高于百分之九十九。换言之，如果布朗和史密斯在美国任意选出的两个人，上面的结论就表示：一个认识布朗的人，几乎肯定认识一个史密斯熟识的人，这回你应该明白为什么"世界这么小"了吧？那是因为人与人之间由一个彼此为朋友的网络联结，而且这个网络联结得相当紧密。

## 不可逃遁的点

帕特先生沿一条小路向山顶进发。他早晨7点动身，当晚7点到达山顶。第二天早晨7点沿同一条小路下山，那天晚上7点钟，他到达山脚。在那里，他遇到了他的拓扑学老师克莱因夫人。克莱因夫人对他说："你好，帕特！你可曾知道你今天下山时走过这样一个地方；你通过这点的时刻恰好与你昨天上山时通过这点的时刻完全相同？"帕特听后非常惊讶地说："您一定是在开我的玩笑，这绝对不可能，我走路时快时慢，有时还停下休息和吃饭。"克莱因夫人笑了笑说："你可以设想一下，当你开始登山的时候，你有个替身在同一时刻开始下山，那么你们必定在小路上某一点相遇。我不能断定你们在哪一点相遇，但一定有这样一个点。"这个故事为拓扑学家称为"不动点定理"提供了一个很简单的例证。这个定理首先是荷兰数学家L. E. J. 布劳尔在1912年所证明，它具有许多奇妙的应用。例

如，由这个定理可以断言：在任一时刻，在地球上至少有一个地点没有风。用它还讲了这样一个事实：如果一个球面完全被毛发覆盖，那么无论如何也不能把所有的毛发梳平，有趣的是我们却可以把覆盖整个圆环面上的毛发梳平。

## 中立原理

火星上有人吗？世界会发生一场核战争吗？如果你回答这类问题，说肯定和否定是同样可能的，你就笨拙应用了一个名叫"中立原理"的东西。不小心使用了这一原理使很多数学家、科学家，甚至伟大的哲学家陷入糊涂中。

经济学家约翰·凯恩斯在他著名的《概率论》一书中把"理由不充足原理"更名为"中立原理"，说明如下：如果我们没有充足理由说明某事的真伪，我们就选对等的概率来确定每一事物的真实值。现在，让我们看看如果把上述原理应用于火星和核战争问题，将引起怎样的矛盾？火星上可能有某种生命形式的概率是多少？应用中立原理回答是 1/2，在火星上连简单的植物生命都没有的概率也为 1/2，没有单细胞动物的概率还是 1/2。按照概率定律，后两种情况同时存在的概率是 1/2 乘 1/2，答案为 1/4，这就意味着火星上有某个形式生命的概率将增到 1−1/4＝3/4，这就是说与我们估计的 1/2 相矛盾了。根据中立原理，假设在公元 2020 年发生核战争的概率为 1/2，那么原子弹不会落在美国、俄罗斯等任何一国国土上的概率也为 1/2。如我们将这一理由应用到 10 个不同国家，则原子弹不会轰炸其中任何一国的概率就是 1/2 的 10 次方，即 1/1024，用 1 减这个数就得到原子弹轰炸任何一国的概率为 1023/1024。

其实，中立原理在概率论中是可以合法应用的，但仅当两种概率相等时才奏效。

## 知识点

### 拓扑学

拓扑学，是近代发展起来的一个研究连续性现象的数学分支。中文

名称起源于希腊语 Τοπολογ 的音译。Topology 原意为地貌，于 19 世纪中期由科学家引入，当时主要研究的是出于数学分析的需要而产生的一些几何问题。发展至今，拓扑学主要研究拓扑空间在拓扑变换下的不变性质和不变量。拓扑学是数学中一个重要的、基础的分支。起初它是几何学的一支，研究几何图形在连续变形下保持不变的性质（所谓连续变形，形象地说就是允许伸缩和扭曲等变形，但不许割断和黏合）；现在已发展成为研究连续性现象的数学分支。

**延伸阅读**

## 选举悖论

假定有三个人——阿贝尔、伯恩斯和克拉克竞选总统。民意测验表明，选举人中有 2/3 愿意选 $A$ 不愿选 $B$，有 2/3 愿选 $B$ 不愿选 $C$。是否愿选 $A$ 不愿选 $C$ 的最多？

不一定！如果选举人那样排候选人，就会引起一个惊人的逆论。

三分之一的人，对选举人的喜好是：$A$，$B$，$C$；

另外三分之一的人，对选举人的喜好是：$B$，$C$，$A$；

最后三分之一的人，对选举人的喜好是：$C$，$A$，$B$。

所以，有 2/3 宁愿选 $A$ 而不愿选 $B$；同样，有 2/3 宁愿选 $B$ 而不愿选 $C$；有 2/3 宁愿选 $C$ 而不愿选 $A$！

这个悖论可追溯到 18 世纪，它是一个非传递关系的典型，这种关系是在人们作两两对比选择时可能产生的。选举悖论使人迷惑，是因为我们以为"好恶"关系总是可传递的，如果某人认为 $A$ 比 $B$ 好，$B$ 比 $C$ 好，我们自然就以为他觉得 $A$ 比 $C$ 好。这条悖论说明事实并不总是如此。多数选举人选 $A$ 优于 $B$，多数选举人选 $B$ 优于 $C$，还是多数选举人选 $C$ 优于 $A$。这种情况是不可传递的！

这条悖论有时称为阿洛悖论，肯尼思·阿洛曾根据这条悖论和其他逻辑理由证明了，一个十全十美的民主选举系统在原则上是不可能实现的，他因此而分享了 1972 年诺贝尔经济学奖金。

# 经典的数学名题

在数学的世界里，先人留下了很多令人叫绝的经典名题。在一个个经典名题的背后，隐藏的是数学家们的无穷智慧和创新思维的火花，这些思想的火花又是源自他们对于数学的永无止境的爱！争论的无休无止，才能有思想火花的碰撞，也才能有数学的不断发展和进步！

## 关于几何的经典名题有哪些

### 6 个直角与 12 个直角的差别

瓦特获得了蒸汽机的发明专利后，从一个大学实验员一跃而成为波士顿——瓦特公司的老板，还成为英国皇家学会的会员。在一次皇家音乐会上，有个贵族故意嘲笑他说："乐队指挥手里拿的东西在物理学家眼里仅仅是根棒子而已。"瓦特回答道："是的，那的确是根棒子，我都知道用这样的 3 根棒子，可以组成 5 个直角，我还可以组成 12 个直角，可是你最多能组出 6 个直角。"这个贵族不服气地用 3 根指挥棒摆来摆去，但始终无法摆出 12 个直角。试问你能摆出几个直角（指挥棒的粗细因素可以不计）呢？

我们思维应从平面转向立体。一个经过思维训练的人，一看到三维空间的形态，就能使自己的思路开阔起来（三根指挥棒是两两垂直的）。

## 苏轼巧分田产

相传，北宋大文学家苏轼在凤翔做官时，为官清正，秉公执法，深得百姓拥戴。一天，有兄弟四人前来告状。苏轼坐在公案前，展开状纸一看："小民杨大毛，家住城南寨。先父临终时，留下两顷田，只因为分配不均，兄弟反目成仇。青天大老爷，请把理来断。"苏轼看完状纸，备轿出城。顷刻工夫，来到杨氏田头，差役将杨大毛的地契奉上。苏轼接过地契，心里暗暗盘算，杨家田地工字形，如何分配让四兄弟都满意呢？沉思片刻，计

苏　轼

上心来。他遂唤一名差役耳语道："只需如此如此……"差役遵嘱叫上四兄弟当场丈量。不一会儿，只见四兄弟满面笑容地跑过来，叩头不迭道："多谢恩公明断！"——你知道苏轼是怎样使4块田形状相同、面积相等的吗？

## 毕加索的正方体

毕加索将一块边长为3寸的正方体木头漆成黑色，再切成若干1寸的小正方体。在角上的8个小方块有3个面是黑色的，最中央的小方块则是一点黑色也不会有，其余的18个小方块中，有12个两面是黑色的，6个一面是黑色的。请注意，两面黑色的方块，是一面黑色方块的2倍；三面黑色的方块，是一点黑色也没有的方块的8倍。现在有一块正方体木头，情况恰好相反，把它漆成黑色并切成1寸的小方块以后，一面黑色的小方块，是两面黑色的小方块的2倍，一点黑色也没有的方块是三面黑色的方块的8倍。那么，这个方块的边长是多少呢？

答案是：这个方块的边长是6寸的，这样大的一块木头切开后成为216块小木块。其中96块有一面黑色，48块有2面黑色，8块有三面黑色，64块全白色。

138

## 巧测灯泡容积

科学家们是最珍惜时间的，在他们眼里，时间就是生命，爱迪生也是如此。一天，爱迪生在实验室里工作，他递给助手一个没上灯口的空玻璃灯泡，并说："你量量这个灯泡的容量。"说罢，又埋头工作去了。过了好半天，他问助手："容量是多少？"他没听见回答，转头看见助手正拿着软尺在测量灯泡的周长、斜度，并伏在桌上用测得的数字计算呢。"时间、时间，多么宝贵的时间啊！怎么要用那么多时间呢？"爱迪生说罢，直走过来，便自己拿起那只灯泡，采用一种极为简单的方法，仅仅用一分钟时间便得出了那只空灯泡的容量数据。你知道爱迪生采用的是什么方法吗？原来是他先在灯泡里斟满水，然后把水倒入量杯中，便得出了灯泡的容量。这种方法迅速，简单又方便。

## 苏格拉底的花园

有一个学生问苏格拉底："请告诉我，为什么我从未见您蹙眉皱额过，难道您的心情总是那么好吗？"苏格拉底答道："因为没有什么东西，能使我失去了它而感到遗憾。"

的确，苏格拉底被判死刑后，他仍能保持乐观的禀性，这是难能可贵的。可是，当有人向他征求如何处理他唯一的遗产——一块梯形花园时，他却皱了眉。在这块花园里，有4棵月桂树，他想把它分成大小都相等的4块，分别送给他的得意门生，要求在每块地上还能保留一棵月桂树，以免发生什么分歧。

你说怎样分才好呢？要把梯形加以分割，应设法找到梯形的相似形，是一种很巧妙的分法。

## 知识点

### 苏格拉底

苏格拉底（公元前469—公元前399），著名的古希腊的思想家、哲学家、教育家，他和他的学生柏拉图，以及柏拉图的学生亚里士多德被并称为"古希腊三贤"，更被后人广泛认为是西方哲学的奠基者。身为雅典的公民，据记载苏格拉底最后被雅典法庭以引进新的神和腐蚀雅典青年思想之罪名判处死刑。尽管他曾获得逃亡雅典的机会，但苏格拉底仍选择饮下毒堇汁而死，因为他认为逃亡只会进一步破坏雅典法律的权威，同时也是因为担心他逃亡后雅典将再没有好的导师可以教育人们了。

**奇妙的数学问答**

#### ⟶ 延伸阅读

### 山羊的速度

卢姆教授说："有一次我目击了两只山羊的一场殊死决斗，结果引出了一个有趣的数学问题。我的一位邻居有一只山羊，重54磅，它已有好几个季度在附近山区称王称霸。后来某个好事之徒引进了一只新的山羊，比它还要重出3磅。开始时，它们相安无事，彼此和谐相处。可是有一天，较轻的那只山羊站在陡峭的山路顶上，向它的竞争对手猛扑过去，那对手站在土丘上迎接挑战，而挑战者显然拥有居高临下的优势。不幸的是，由于猛烈碰撞，两只山羊都一命呜呼了。

现在要讲一讲本题的奇妙之处。对饲养山羊颇有研究，还写过书的乔治·阿伯克龙比说道："通过反复实验，我发现，动量相当于一个自20英尺高处坠落下来的30磅重物的一次撞击，正好可以打碎山羊的脑壳，致它死命。"如果他说得不错，那么这两只山羊至少要有多大的逼近速度，才能相互撞破脑壳？你能算出来吗？

## ▌▌关于计算的经典名题有哪些

### 分酒

一家酒店老板新近从山东运来一些好酒，便通知他的老主顾赵、钱、孙、李4人。赵、钱、孙、李4人，不单是相知的朋友，而且是同一个作

坊里的伙计。他们得到酒店通知后，就各自提出自己需要的数量：赵要10斤，钱要4斤，孙、李两人各要3斤，四人共要20斤。晚上。酒店把酒送来了，却是满满的两瓮，一瓮恰容10斤。这样，赵就拿一瓮10斤；但钱、孙、李3人就无法分得恰如其分。于是赵说："只要我得到一个恰容3斤的空瓶子，就可以分了。"可是3斤的瓶子没有找到，却找来了两个较大的瓶子：一个可容4斤，另一个可容5斤。后来赵反复思考，才把酒用这几样容器分开，赵用的具体方法是什么？经过多少次手续，赵才把那10斤酒按照4斤、3斤、3斤预定的数量配好的呢？赵是采取了如下一些方法才把酒分开的。

| 容器 次数 | 10斤瓮 | 5斤瓶 | 4斤瓶 |
|---|---|---|---|
| 第一次 | 6斤 | 0斤 | 4斤 |
| 第二次 | 6斤 | 4斤 | 0斤 |
| 第三次 | 2斤 | 4斤 | 4斤 |
| 第四次 | 2斤 | 5斤 | 3斤 |
| 第五次 | 7斤 | 0斤 | 3斤 |
| 第六次 | 7斤 | 3斤 | 0斤 |
| 第七次 | 3斤 | 3斤 | 4斤 |

## 笨人耍的小聪明

1929年，美国堪萨斯州成立了一个"笨人俱乐部"。这个俱乐部的规章上规定：只有称得上最没有用的人，才有当选主席的资格。它的口号是："越学越无学，越知越无知。"俱乐部办了一所"笨人大学"，当然也是请最没有用的人当校长。

有一天，校长声称他发现了形式逻辑的荒谬之处。比如有这样一句话：娜拉是个女孩儿，娜拉不是女孩儿。假如其中有一句话正确，那另一句话就一定不正确。可是校长又写了两句话，其形式是：XX是000；XX不是000。这两句话中，XX彼此相同，000也相同；而且两句话都是正确的。这是两句什么话呢？

答案是："该句是六字句"（意思是指字数共有6个），"该句不是六字句"（字数不是6个）。笨人俱乐部的校长不明白两句中的"该句"一词是两个概念，故而得出错误的结论。

## 没有数字的题目

雨果的长篇小说《悲惨世界》脱稿寄往出版社后，屈指数日，毫无消息。雨果心中忐忑不安，决定写信询问。思忖片刻，他提笔给出版社写了这样一封信："? ——雨果。"出版社的编辑拆阅后，心领神会，当即给雨果写了回信："! ——编辑。"雨果接到信，点点头微笑了。不久，轰动世界文坛的《悲惨世界》便与读者见面了。智力训练专家巴纳德有心和雨果开个玩笑，要他在工作之余将"?"和"!"破译出来。

这实际是一道除法题，每个数都用橡皮擦掉了，换上了问号和感叹号。你也可以看出，感叹号表示"0"，即最后一条线下没有余数。

那么，原来的题是什么样的呢？记住：被除数最后一个小数后面余下的都是 0。

## 考女婿的难题

匈牙利著名作家卡尔曼·米克沙特的长篇小说《奇婚记》中，记述了这么一个故事：米克洛什·霍尔尼特的大女儿罗扎丽雅才貌出众，很多人来求婚。霍尔尼特便宣布：有谁能回答他提出的 3 个问题，他便把罗扎丽雅嫁给谁。现在，让我们用其中一个问题来考考聪明的读者吧。

在波若尼城和勃拉萧佛城之间有一条公路。每天，从两座城里各开出两辆邮车。当时有一个人，要从波城（波若尼城简称）到勃城（勃拉萧佛城简称），便搭乘在一辆邮车上。路上，这辆邮车整整行驶了 10 天。假定在这条公路上行驶的所有邮车的速度都是一样的，那么请问：这个在邮车上的人，从出发时算起，抵达勃城之时，一路上迎面遇到了多少辆邮车呢？

答案是：从所乘邮车出发的这一天算起，已经过去的 10 天里，已有 20 辆邮车先后从勃城开出；而所乘邮车在路上行驶的 10 天里，又将有 20 辆邮车从勃城开出，这样迎面就将遇到 40 辆邮车。而当所乘邮车抵达勃城时，还将遇到 2 辆刚从勃城出发的邮车。因此，所遇到的邮车总数是 42 辆。

## 神机妙算的诸葛亮

相传有一天，诸葛亮把将士们召集在一起说："你们中间不论谁，从 1

到 1024 中，任意选出一个整数，记在心里，我提 10 个问题，只要求回答'是'或'不是'。10 个问题全答完以后，我就会算出你心里记的那个数。"诸葛亮刚说完，一个将士站起来说，他已经选好了一个数。诸葛亮问道："你这个数大于 512？"谋士答道："不是。"诸葛亮又接连向这位将士提出 9 个问题，这位将士都一一如实做了回答。诸葛亮听了，最后说："你记的那个数是 1。"谋士一听，非常惊奇，因为这个数恰好是他选的那个数。

具体的方法是：将 1024 一半一半地取，取到第十次时，就是"1"。诸葛亮真的是"神机妙算"啊！通过诸葛亮的神机妙算，我们可以得到很多启示。其中莫过于智慧＋方法＝迎刃而解，有了这个等式，再难的问题也不会难住你的。

## 不大不小的奖赏

传说古代某国有位国王，他非常喜欢下国际象棋。当他学会下国际象棋之后，便把发明象棋的人找来，对发明人说："你要什么奖赏，请说吧！"发明人只要求国王在棋盘的第一个格子里放一粒麦子，第二个格子放 2 粒，第三个格子放 4 粒，以后每个格子都比前一格子加一倍，直到把 64 个格子放满。

试想，发明家受赏的这些麦子，大约够他吃多少年（按每斤麦子 10 000 粒，发明家每天吃 1 斤计算）？答案定会使你大吃一惊！我们可以通过计算得出答案。第一格放 1 粒麦子，第二格放 2 粒，第三格放 4 粒，依题中的条件顺次下去从第四格到第六十四格，也就是说第 64 个格子的麦子将有 $2.63 \times 10\ 000$ 粒＝800 万亿斤，足够发明家吃 2 万亿年！真的是不可思议的一个数字。

## 黄、红、蓝颜色板的启示

苏格兰数学家莱福德看他儿子玩颜色板。他儿子从玩具盒中，把红的、蓝的、黄的颜色板各抽出两块来，相互调来调去，排成一行。莱福德看到 6 块板的顺序是：黄红蓝红黄蓝，正好符合下面条件：①两块红板之间，另有一块颜色板；②两块蓝板之间，另有 2 块颜色板；③两块黄板之间，另有 3 块颜色板。莱福德用"1"表示红，用"2"表示蓝，用"3"表示黄。将问题换了个样，把 1、1、2、2、3、3 这几个数字排成一行，要求一对 1

之间，另有一个数字；一对 2 之间，另有两个数字；一对 3 之间，另有三个数字。这样排列的结果应该是 312132。莱福德又提出，如果有一对 1234，怎么排列才能使两个"1"之间，另有一个数字；两个"2"之间，另有两个数字；两个"3"之间，另有三个数字；两个"4"之，另有四个数字。这个问题有两个答案：一是 41312432；二是 23，421，314。

## 一百个和尚分一百个馒头

此题是明代珠算家程大位所著《算法统宗》中所设，题目是用诗歌表达的："一百馒头一百僧，大僧三个更无争，小僧三人分一个，大小和尚各几个？"我们可以用假设法。假如全是大和尚，应该分 300 个馒头，现只有 100 个馒头，缺 200 个，少 200 个的原因是有一群小和尚。小和尚 3 人分 1 个，一个小和尚吃 1/3，比大和尚每人少吃 8/3 个，那么 200 个馒头中包含有多少 8/3 呢？200：8/3＝75，这 75 就是小和尚数。那么大和尚数就可想而知了。

换个角度思考此问题。如果这 100 个和尚全是小和尚，每 3 人吃一个，则一个吃 1/3，100 个小和尚吃 1/3：100＝100/3（个），余下 100－100/3＝200/3 个馒头，每个大和尚吃 3 个，即每个大和尚比每个小和尚多吃 3－1/3＝8/3（个），用一个大和尚换一个小和尚时，就要多吃 8/3，200/38/3＝25（人）。这样，大和尚 25 人，小和尚 75 人。

检验：3×25＝75（大和尚吃的馒头数），1/3×75＝25（小和尚吃的馒头数），75＋25＝100。

## 阿德诺是如何发财的？

16 世纪，德国还是由许多小公国的国王统治时，发生了这样一件事：有两个相邻的公国，彼此关系很好，不仅互通贸易，而且货币也互相通用，就是说 A 国的 100 元等于 B 国的 100 元。可是，有一次因故翻了脸，两国国王相互指责，险些动了兵。后来，A 国国王下了一道命令：B 国 100 元只能兑换 A 国 90 元。立即，B 国国王也宣布 A 国的 100 元也只能兑换 B 国的 90 元。聪明的阿德诺得知这个消息后，分别对两个国王说："这个决定太愚蠢了，我只要稍稍跑跑腿，就可以趁机赚大钱。"两国国王不相信，各给了他 100 元，问他是否能赚到钱？阿德诺拿着双方国王给的合计 200

元钱，不用几天就发了财。他把赚来的财物，分别推到两个国王面前，两个国王很受启发，于是取消了上述命令，并和好如初。你知道阿德诺"发财"的巧妙手段吗？

答案是：阿德诺用 $A$ 国的钞票 100 元在 $A$ 国购物 10 元。在找钱时，他声称自己将要到 $B$ 国去，要求找 $B$ 国的钞票，因为 $A$ 国的 90 元等于 $B$ 国的 100 元，所以就找他一张 100 元的 $B$ 国钞票，现在他共有 200 元。于是他用 200 元到 $B$ 国购买 20 元货物，再要求找回 $A$ 国的钞票，然后又回到 $A$ 国购物……如此，往返下去，阿德诺自然发财了。

## 马克·吐温的痴迷

马克·吐温在密苏里州办报时，曾有一段罗曼史。那是一位美丽的碧发金眼的姑娘，她在那家市场的收款处工作。当顾客排队到收款处付款时，马克·吐温就夹在队伍里。这是马克·吐温当时的所见所闻："一瓶西红柿酱，一磅香肠。"她清脆地报出："27 美元！"声音多清脆！"一包泡泡脆，一罐烤蚕豆，请付 14 美元。"一双美丽的眼睛。"一磅香肠一罐蜂蜜，请付 35.5 美元。"身材也很美。"一罐烤蚕豆和一瓶番茄酱，15 个半美元。"她的手指修长而灵巧。"一罐蜂蜜，一包泡泡脆，一共 28 美元。"笑得多迷人。该马克·吐温付钱了，她亲切地说："24 美元。"他又是举帽向她致意，又是伸手在口袋里乱摸，连找的钱也掉了。

马克·吐温

当他摇摇晃晃向门口走去时，"等一下，"那悦耳的天使般的声音又响起来，"您忘了您买的两样东西。"这时，他才想起来他是和别人一样买了两样东西，可具体买了哪两样他却想不起来了，你能帮马克·吐温想起来吗？答案是：一罐烤蚕豆，一罐蜂蜜。所提到的各项食品的单价是：西红柿酱 10.5 美元/瓶，香肠 16.5 美元/磅，泡泡脆 9 美元/包，烤蚕豆 5 美元/

罐，蜂蜜 19 美元/罐。

## 健忘的森林与依据"说谎"的原理

传说古时候，有一片"健忘的森林"。人们走进去，就会忘记日期。小姑娘阿百丝误入这片森林，并忘记当天的日期。她徘徊了很久，很想知道这一天是星期几，但无论如何她都回忆不起来。这时，迎面来了一只老山羊，阿百丝就迎上前去打听。"山羊公公，你知道今天是星期几吗？"阿百丝问。"可怜的小姑娘，我也忘记了。不过，你还可以去问问狮子和独角兽。狮子在星期一、星期二、星期三这三天，是说谎的；独角兽在星期四、星期五、星期六这三天也是说谎的，其余的日子，他们俩倒都说真话。"永远说实话的老山羊说。于是，阿百丝就去找狮子与独角兽。当她问到今天是星期几时，狮子回答说："昨天是我说谎的日子。"独角兽也说："昨天是我说谎的日子。"阿百丝在这片"健忘的森林"里，尽管忘记了日期，但她仍和过去一样聪明。听罢狮子与独角兽的回答，她进行了仔细的逻辑推理，终于正确地判断出这一天是星期几了。

请您仔细思考一下，这一天究竟是星期几？答案是：星期四。

## 经济的航行

普佐罗总统刚刚获得了一支舰队来保卫他的岛国。这支新舰队由两艘霍萨级炮舰组成，美中不足的一点是，这两艘炮舰的燃料消耗大一点，它们装的燃料只够锅炉烧一天（只能航行 120 公里）。普佐罗正在计划一次盛大的环岛航行，来炫耀他最好的军舰，但是海军大臣提醒他，该岛周长可不止 120 公里。因此，这次航行对普佐罗来说，是个荣誉问题；而对海军大臣来说，却是一件头疼的事。

不过本地大学一位数学教授计算了一下，认为如果用一艘舰在海上为另一艘舰运输燃料的话，环岛航行还是可以完成的。虽然是港内为一艘炮舰装运燃料要用 8 小时，但这并不需要另一艘舰在海上停舰等它的姊妹舰上来。只有当在海上从一艘舰往另一艘舰上转运燃料时，普佐罗的庄严航行才会被耽误一会儿。如果这个小岛再大一点儿，整个航行将会成为泡影。如何安排这次的炮舰航行呢？这个小岛的周长究竟是多少呢？你不妨计算一下：周长是 200 里。

两艘船同时出发，走了 40 公里后，护航舰将它剩下的燃料装好的一半装给旗舰，然后返回港口。重新装好燃料后，从相反的方向去接快要耗尽燃料的旗舰，这时它离港口还不到 40 公里。护航舰将自己剩下的燃料的一半再装到旗舰上去，这时两艘舰一起返回港口，抵达时燃料刚好用完。

## 百鸡问题

一般来说，其未知数多于方程个数的方程为不定方程。中国的《孙子算经》、《九章算术》等书中均有不定方程问题。《张邱建算经》中的百鸡问题是一个著名的求正整数解的一次不定方程问题。

张邱建生活在中国的南北朝时期。他幼年时就善于思考，聪颖敏捷，喜欢解答数学问题，被大家称为"神童"。当时的宰相非常惜才，便想了一道"百鸡之谜"来考察神童的水平。他把张邱建的父亲叫去说："这里有 100 文钱，给我买一百只鸡来，这一百只鸡中应有公鸡、母鸡和小鸡。钱不能剩余也不能超出，鸡的数目不能多不能少。当时，一只公鸡 5 文钱，一只母鸡 3 文钱，三只小鸡 1 文钱。怎样才能用百文钱买百只鸡呢？张邱建的父亲对算术很外行，他把此事告诉了儿子。小邱建想了想，就在地上算起来。过了一会儿，他告诉父亲说："买 4 只公鸡、18 只母鸡和 78 只小鸡就行了。"小邱建以他的巧妙计算而得到了宰相的召见，并对他给予了奖励。张邱建从此更加勤奋地学习，终于成为一位著名的数学家，并编纂出《张邱建算经》，这是中国汉唐年间 10 部重要的数学著作之一。

## 凫雁问题

一只野鸭子从南海飞到北海要用 7 天，一只大雁从北海飞到南海要用 9 天。试问：若它们同时从两地起飞，几天后相遇？这个有趣的问题出自中国古代数学名著《九章算术》，书中称野鸭子为凫，所以称这道题为凫雁问题。解法是：把两个天数相加作为除数，相乘作为被除数，除得的结果就是所求的天数，即 $7 \times 9 / 7 + 9 = 63/16$。

公元 263 年，大数学家刘徽在《九章算术注》中对这个解法作了解释：野鸭子 7 天能飞完一个全程，而大雁 9 天能飞完一个全程，取 7 和 9 的最小公倍数 63，那么 63 天中，野鸭子可以飞 9 次，大雁可以飞 7 次。也就是说，野鸭子和大雁在 63 天里一共可以飞完 16 次，或者说，它们合作飞行

16次共需63天。那么，它们合作飞行一次就需要63/16（天）。这个算法非常巧妙，我们的祖先是用比例的方法解决了这个问题的。他们充分认识了比、分数、除数的相互联系和区别，认识了比是数量之间的关系，分数是一种数，除法是一种运算，这是非常了不起的。

## 牛顿的牛吃青草问题

这是牛顿编写的一道题，既复杂又有趣的数学名题。有3块草地，面积分别为10/3顷、10顷和24顷。草地上的草一样厚且长得一样快。如果第一块草地可供12头牛吃4个星期，第二块草地可供21头牛吃9个星期，那么第三块草地恰好可以供多少头牛吃18个星期？牛顿经过潜心研究，发现了好几种不同的解法，但他认为如下这种比例解法更有趣。

假定草地上的草被牛吃过以后不再生长，根据题中第一块地的条件推算，10顷草地可供8头牛吃18个星期或16头牛吃9个星期。但实际上青草被吃后还要生长，所以题中说："10顷草地可供21头牛吃9个星期"。所以，同样是10顷草地，同样是9星期，却可以多喂21－16＝5头牛。这也意味着9个星期后5周里，10顷草地又长出的草可供5头牛吃9个星期，或是2.5头牛吃8个星期，那么18周的后14周里，10顷草地上新长的草供多少牛吃18周呢？由5：14＝2.5，便可算出是7头。如前所述，假设草不长时，10顷草地可供8头牛吃18周；而18周的后14周又生长出的青草可供7头牛吃18周。两者相加实际上是10顷草地可供15头牛吃18周，那第24顷草地可供多少牛吃18个星期便容易算出了，十分明显，答案是36。

## "余米推数"与中国剩余定理

这里选有一个故事。一天夜里，一群盗贼洗劫了一家米店。放在店堂里的3箩筐米几乎被席卷一空。第二天，官府派人来勘查了现场，发现3个箩筐一样大，中间那箩筐还剩下14合米，而两边的只剩下一合米了。后来3个盗贼被抓住了，连同他们那天晚上各自舀米的工具也找到了。盗贼甲用的是一只铁勾，每次能舀米19合，盗贼乙用的是一只木鞋，每次能舀米17合，盗贼丙用的是一只漆碗，每次能舀米12合。拿木鞋的那个盗贼当天舀了中间那只箩筐，盗贼甲、丙分别舀了两边的箩筐。

问米店共被盗窃了多少米？3个贼各偷了多少？我国宋代数学家秦九

韶在其《数书九章》一书中，创造了一种著名的计算方法，这便是驰名世界的"大衍求一术"。这一定理，直到 19 世纪才由大数学家高斯发现。由于我国发现于 13 世纪，世界最早，故此命名为"中国剩余定理"。

## 玄机奥妙

这是一道选自我国明代珠算家程大位的《算法统宗》中的数学题。题的内容是："甲赶羊群逐草茂，乙拽肥羊随其后，戏问甲及一百否，甲说所云无差廖，若得这般一群凑，再添半群、小半群，得你一只来方凑，玄机奥妙谁猜透？"译成白话是：牧民甲赶着羊群向草茂盛的地方转移，牧民乙拉着一只肥羊在他后边走，乙边走边跟甲开玩笑说："你的羊够不够一百只？"甲说："你说得没错，怎样凑上一百只呢？如果再有这么一群，然后再添上这群的一半，再添上一半的一半，最后再加上你那一只，这样就够一百只了。"牧民甲实际有多少只羊呢？我们可以设甲的羊群的只数为"1"，根据已知条件得出：$1+1+1/2+1/4=11/4$（倍），$11/4$ 倍加上乙的那一只等于 100 只，由此可以得出 $(100-1)/(1+1+1/2+1/4)=99 \div 1/4=36$（只）。

## 鸡兔同笼

一个笼子里有一些鸡和兔，现在只知道里面一共有 35 只头，94 只脚。试问：鸡和兔各有多少只？

在中国，鸡兔同笼问题作为一类既有趣又重要的问题的代表，经常出现在各种数学书里，千百年来一直吸引着爱好数学的人去钻研。最早记录这个问题的，大约是在公元 4 世纪—5 世纪的《孙子算经》。

鸡兔同笼问题的解法是：设头数是 $a$，脚数是 $b$，则 $b/2-a$ 是兔数；$a-(b/2-a)$ 是鸡数。这个巧妙的解法是怎样来的呢？鸡有两只脚，兔有四只脚，把脚数者除以 2，共有 47 对脚。由于鸡是一对脚，兔有两对脚，所以 47 中减去 35 得 12，相当于 $47 \div 35=1$ 余 12，也就是说，如果笼子里的动物都只有 1 对脚，就会多出 12 只脚来，这 12 只脚恰好是有 2 对脚的动物的，即有 12 只四脚动物，这当然就是兔子了。再用 35 个头减去 12 只兔子的头，剩下的就是鸡的头数。

如果用二元一次方程组来求解，就是设鸡、兔数分别为 $X$ 和 $Y$：$X+$

$Y=35$，$X+4Y=94$。解这个方程组，既方便又简炼。

## 欧拉的农夫卖蛋问题

大数学家欧拉曾提出过这样一道有趣的名题。两个农妇带了 100 只鸡蛋去集市上出售，两人的鸡蛋数目不一样，赚的钱却是一样多。第一个农妇对第二个农妇说："如果我有你那么多的鸡蛋，我就能赚 15 枚铜币。"第二个农妇回答说："如果我有你那么多的鸡蛋，我就只能赚 $6\frac{2}{3}$ 枚铜币。"问二人各带了多少鸡蛋？

欧拉还为正确答案提供了一种解法：设第二个农妇的鸡蛋数目是第一个农妇的 $m$ 倍。因为最后两个人赚的钱一样多，所以第一个农妇出售鸡蛋的价格必须是第二个农妇鸡蛋价格的 $m$ 倍。如果在出售之前二人互换鸡蛋，那么第一个农妇所带的鸡蛋数和出售价格都将是第二个农妇的 $m$ 倍。于是便可知道赚得的钱将是第二个农妇的 $m^2$ 倍。所以我们可以列出 $m^2 = 15 : 6\frac{2}{3}$，舍去负值后得 $m = 3 : 2$。这样一来，由于鸡蛋总数是 100，就不难答出了。

## 毕达哥拉斯定理

古代的《希腊文集》中有这样一道题："请先告诉我，尊敬的毕达哥拉斯，一共有多少名学生在您的学校上课？"毕达哥拉斯回答："一共有这样多的学生，其中 1/2 在学习数学，1/4 在学习音乐，1/7 正在默默地思考，此外有 3 名女学生。"

这道题我们可以用两种方法来解，一种方法是列代数式。我们设听课学生总人数为"1"，那么就可以列出 $3 \div (1 - 1/2 - 1/4 - 1/7) = 3 \div 3/28 = 28$（人）。这种方法比较简单易算，通过一步运算便可以直接得出结果。

另一种方法是列方程解应用题。这回我们设听课学生总人数为 $X$，由此我们可以列出 $x/2 + x/4 + x/7 + 3 = X$，解这个一元一次方程便得到与上一种方法相同的结果。这种方法虽较上一种方法步骤多一些，但却更容易理解，直接符合题意。

奇妙的数学问答

150

# 知识点

## 马克·吐温

马克·吐温（Mark Twain，1835 年 11 月 30 日—1910 年 4 月 21 日），原名萨缪尔·兰亨·克莱门（Samuel Langhorne Clemens）（射手座）是美国的幽默大师、小说家、作家，也是著名演说家，19 世纪后期美国现实主义文学的杰出代表。

## 延伸阅读

### 猜牌问题

$S$ 先生、$P$ 先生、$Q$ 先生他们知道桌子的抽屉里有 16 张扑克牌：红桃 $A$、$Q$、4，黑桃 $J$、8、4、2、7、3，草花 $K$、$Q$、5、4、6，方块 $A$、5。约翰教授从这 16 张牌中挑出一张牌来，并把这张牌的点数告诉 $P$ 先生，把这张牌的花色告诉 $Q$ 先生。这时，约翰教授问 $P$ 先生和 $Q$ 先生：你们能从已知的点数或花色中推知这张牌是什么牌吗？于是，$S$ 先生听到如下的对话：

$P$ 先生：我不知道这张牌。

$Q$ 先生：我知道你不知道这张牌。

$P$ 先生：现在我知道这张牌了。

$Q$ 先生：我也知道了。

听罢以上的对话，$S$ 先生想了一想之后，就正确地推出这张牌是什么牌。

请问：这张牌是什么牌？

测测你的智力：

1. 有两位盲人，他们都各自买了两对黑袜和两对白袜，八对袜子的布质、大小完全相同，而每对袜子都有一张商标纸连着。两位盲人不小心将八对袜子混在一起。他们每人怎样才能取回黑袜和白袜各两对呢？

2. 有一列火车以每小时 15 公里的速度离开洛杉矶直奔纽约，另一列火车以每小时 20 公里的速度从纽约开往洛杉矶。如果有一只鸟，以 30 公里每小时的速度和两列火车同时启动，从洛杉矶出发，碰到另一列火车后返回，依次在两列火车来回飞行，直到两列火车相遇，请问，这只小鸟飞行了多长距离？

## 什么是希尔伯特问题

我们这些生长在 20 世纪的人，对于 20 世纪以前世界上所提出的一些著名数学难题，以及为解决这些数学难题作出巨大贡献的著名数学家，应该有所了解；而对于上世纪的著名数学难题，以及由于提出和解决这些难题而闻名于世的数学家们，则更应该了解，所以在这本小册子里，向读者介绍几个 20 世纪数学难题的故事。从这些故事中，可以看到：旧的数学难题还没有解决，新的难题又源源不断地提出来，然而正是由于对这些难题的研究和解决，才不断地产生许多新的数学方法、新的数学分支，逐步地丰富数学知识的宝库，使数学获得巨大的生命力，不断向着新的高度挺进，同时也造就了许多优秀的数学家。

### 一次轰动世界的讲演

20 世纪的头一年，在巴黎召开的国际数学家会议上，一位德国年仅 38 岁的数学家、德国哥廷根大学数学教授希尔伯特进行了一次轰动世界的演说。他指出，跨进 20 世纪的数学将沿着他所发表的 23 个问题的方向发展。当时有人佩服这位青年数学家的胆略，赞扬他能站在数学发展的最前沿，大胆地进行预测，敏锐地作出科学判断。然而，也有人在一边冷眼旁观，感觉这个年轻人是在说大话吹牛皮，怀疑 20 世纪数学的发展趋势能否被他提的 23 个问题所左右。

历史是最好的见证。至少 20 世纪上半叶，全世界的数学家们被这 23 个难题所吸引，为了解决这些问题做了大量的研究工作，使许多数学新分支，特别是边缘学科相继诞生。可以毫不夸张地说，这 23 个难题成

了当时整个数学界研究的中心课题。20世纪半个多世纪以来，能解决希尔伯特难题已成为当代数学家的无上荣誉。1970年美国数学家评选自1940年以来，美国数学十大成就中，有三项是希尔伯特难题中的第一、第五、第十问题的解决。

1975年在美国的伊利诺斯大学，召开了一次国际数学会议。数学家们回顾20世纪四分之三世纪以来，对希尔伯特的23个难题的研究，约有一半以上已经解决了。其余一少半也都有了重大的进展，而且这23个难题至今仍是数学家们非常注意的中心之一。

希尔伯特

一个数学家在一次讲演中提出的问题，能对数学的发展产生如此久远而深刻的影响，这在数学史上是独一无二的，在人类文明的发展史上也是极为罕见的，因此希尔伯特被称为20世纪数学发展的代表人物。

希尔伯特童年时就跟着母亲学习数学，这对他成为学识渊博的数学家影响极大。他毕业于东普鲁士的寇尼斯堡大学，早期研究代数不变式论、代数数论、几何基础，后来又研究变分法、积分方程、函数空间和数学物理方法等。1885年，23岁的希尔伯特就获得了博士学位。1895年，他在德国最著名的科学教育中心哥廷根大学做数学教授。1899年，他出版了"几何基础"一书，把欧几里得几何学整理为从公理出发的纯粹演绎系统，并把注意力转移到公理系统的逻辑结构。正如本书第四节所介绍的，希尔伯特成功地建立起公理化体系，因而希尔伯特的《几何基础》一书也是近代公理思想的代表作。他晚年致力于数学基础问题的研究，是数学基础中形式主义学派的代表人物。

希尔伯特在那次演讲中提出的23个难题，后来统称为希尔伯特问题。希尔伯特问题涉及数学知识的范围非常之广，理论也特别深，并且大多数是关于高等数学中的题目。这里只向读者介绍几个浅显的并与本书的几节有关的题目。

### 合理不合理，都是相对的

为了介绍希尔伯特第一难题，首先打个比喻：假设在我们面前放有"无限多个"装有水果的篮子，要从每个篮子里取出一个水果，放在一个空篮子里。如果装有水果的篮子是有限个，这个问题是显而易见的。由于装有水果的篮子是无限多个，于是就产生了这样做是否允许的问题。在数学上，这个问题的抽象提法称为"选择公理"。

希尔伯特第一难题叫做"连续统假设"，意思是相当于问，从无限多个篮子里各选一个水果的选择公理，在数学上是否合理？1939年奥地利数学家哥德尔证明：用通常的集合论公理不可能推出选择公理是对的。1963年美国数学家柯思又从另一方面证明：用通常的集合论公理不可能推出选择公理是错的。这样，就产生了两种针锋相对的结论，而且在承认推出"选择公理"是对的基础上，建立起一套数学理论，在不承认推出"选择公理"是对的前提下，也相应地创立一套数学理论，同时令人惊奇的是两套数学理论都对，都各自成体系，都能自圆其说，无懈可击。这就和介绍欧氏几何、罗氏几何、黎曼几何三种几何学都对是一样，只不过是相对于某一个范围内应用哪一种理论更为精细确切而已。有关这方面的研究，随着时间的推移，越来越深入。

### 希尔伯特难题不一定全是对的

科学的问题来不得半点虚假，预测的东西不一定全对。尽管一个人才华横溢，也有局限性，所提出的问题不见得都是百分之百的正确。希尔伯特是目光锐利、智慧超群的数学家，已被举世公认。可是他提出的第二个难题，已经证明是错误的。不过否定这个难题，却是经过了极端艰难的过程。

这个难题是关于数学基础方面的内容。在数学研究中，越是基本的理论，越难于证明，这是众所公认的。这类问题像人类思维史上的一座座高山峻岭，只有那些具备惊人的数学才能和在崎岖小路的攀登上不畏劳苦的人，才有希望到达险峻的顶峰。

人们常常是把经过千百万次实践验证，又是最根本的若干命题作为公理。欧氏几何中的定义、公设或者公理都是人们经验的总结，是建立在直观基础上的一种抽象的具有"自明性"的命题。在数学中，以较复杂的概念、公理作为基础，来推出其他的定理或命题，这种整理和叙述数学知识的方法，叫做公理化方法，它是数学论证方法中最常用的一种。人们不禁要问："是不是任何科学都能用同一套公理、定义做基础呢？用一套公理能否推出数学里的所有定理呢？"

希尔伯特的第二难题就是算术公理的无矛盾性。他希望借此证明：所有的数学定理都能从一组公理推出来。这种想法很好，它会使人易于掌握，同时越是抽象的理论应用起来越是广泛，然而这种想法是办不到的。严格的科学，特别是非常精确的数学，不能凭想像决定对错，没有严格的数学论证是不能下定论的。可是，这个难题的证明难度之大是难以想像的。20世纪过了30多年，无论是肯定或者否定这个难题的文章都没有问世，甚至说毫无进展。直到1931年奥地利数学家哥德尔打破了希尔伯特的这一幻想，成功地证明了任何一个公理化系统中，必定有一个命题不能由这组公理推出其正确与否。不少人看到了世界上有一个人否定了希尔伯特第二难题的证明，都惊得目瞪口呆，因而哥德尔的这一成就轰动了整个数学界，在数学的发展史上留下了重要的一页。

## 由希尔伯特猜想引起的问题

希尔伯特的23道难题中，有一些是关于数论方面的问题，如关于素数和方程的正整数解的问题，还包括实数中有关代数数和超越数的一个猜想。

满足整系数代数方程的数叫做"代数数"，如方程 $x^2 - 4x - 3 = 0$ 的根 $x_{1,2} = 2 \pm \sqrt{7}$，就是两个代数数，反之，不满足整系数代数方程的数，称为超越数，如 $\pi$、$e$ 等都是超越数。

希尔伯特的第七个问题猜想：若 $\alpha$ 是非0非1的代数数，$\beta$ 是无理数和代数数，那么 $\alpha^\beta$ 一定是超越数。

这个关于代数数和超越数的猜想，看起来远远要比哥德巴赫猜想容易解决，然而也是30多年过去了，尽管世界上有相当多的人在研究这个猜想的解法，还是没有人能给出证明。

1934年，28岁的前苏联青年数学家盖尔冯特终于给出了严格的数学证明，证明了希尔伯特的这个猜想是正确的。

希尔伯特第七问题虽然解决了，但是由此又引出了新的数学难题，即若 $\alpha$ 和 $\beta$ 都是超越数，那么 $\alpha^\beta$ 是否一定是超越数呢？$e^e$、$e^\pi$、$\pi^e$、$\pi^\pi$ 是否都是超越数呢？这个难题在希尔伯特第七猜想得证的基础上，似乎不难，然而至今只有 $e^\pi$ 是超越数被证明，其他几个是不是超越数至今没有解决。要想证明这些数是超越数，必须证明它们都不是整系数代数方程的根。而突破这一步并非轻而易举，经过 40 多年的漫长岁月，不知有多少大胆的探险者，为解决这个问题而冥思苦想，至今不见分晓。

## 中华民族的骄傲

希尔伯特问题发表以来，全世界的数学家们都在进行研究，中国的数学家们也不例外。希尔伯特第十六难题是关于微分方程极限环的性质。1955年前苏联科学院院士彼得洛夫斯基发表文章指出：二次代数系统构成的微分方程组（简称为 $E_2$），其极限环至多只能有三个，并宣布解决了希尔伯特的这个难题。后来，有人发表文章指出他证明中的错误，同时怀疑他提出的结论的正确性。1976年彼得洛夫斯基又发表文章，承认他证明有错误，但认为结论还是正确的。

1979年彼得洛夫斯基的结论，被一位中国不出名的研究生推翻了。中国科技大学的数学研究生史松龄举出了关于 $E_2$ 至少出现四个极限环的例子，否定了彼得洛夫斯基关于 $E_2$ 至多只有三个极限环的论断，使得关于希尔伯特第十六难题的研究，经过 25 年后首次取得重大的进展。这是一个很了不起的研究成果，为中华民族赢得了荣誉。

现在，还有许许多多的数学难题在向人们招手。相信，我国广大的青少年数学爱好者会学习前人不畏艰难险阻，勇于攀登高峰的精神，刻苦学习，打好基础，坚韧不拔，不辞劳苦，为数学学科的发展、为现代科学的繁荣，作出不可磨灭的贡献。

## 知识点

### 希尔伯特

大卫·希尔伯特（David Hilbert，1862 年 1 月 23 日—1943 年 2 月 14 日），德国数学家，是 19 世纪和 20 世纪初最具影响力的数学家之一。希尔伯特 1862 年出生于哥尼斯堡，1943 年在德国哥廷根逝世。他因为发明和发展了大量的思想观念（例如：不变量理论，公理化几何，希尔伯特空间）而被尊为伟大的数学家、科学家。希尔伯特和他的学生为形成量子力学和广义相对论的数学基础作出了重要的贡献。他还是证明论、数理逻辑、区分数学与元数学之差别的奠基人之一。他热忱地支持康托的集合论与无限数。他在数学上的领导地位充分体现于：1900 年，在巴黎举行的第 2 届国际数学家大会上，38 岁的大卫·希尔伯特作了题为《数学问题》的著名讲演，提出了新世纪所面临的 23 个问题。这 23 个问题涉及了现代数学的大部分重要领域，著名的哥德巴赫猜想就是第 8 个问题中的一部分。对这些问题的研究，有力地推动了 20 世纪各个数学分支的发展。

#### 延伸阅读

### 希尔伯特空间及应用

在数学领域，希尔伯特空间是欧几里得空间的一个推广，其不再局限于有限维的情形。与欧几里得空间相仿，希尔伯特空间也是一个内积空间，其上有距离和角的概念（及由此引伸而来的正交性与垂直性的概念）。此外，希尔伯特空间还是一个完备的空间，其上所有的柯西列等价于收敛列，从而微积分中的大部分概念都可以无障碍地推广到希尔伯特空间中。希尔伯特空间为基于任意正交系上的多项式表示的傅立叶级数和傅立叶变换提

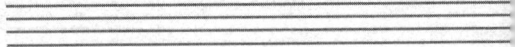

供了一种有效的表述方式，而这也是泛函分析的核心概念之一。希尔伯特空间是公式化数学和量子力学的关键性概念之一。

一个抽象的希尔伯特空间中的元素往往被称为向量。在实际应用中，它可能代表了一列复数或是一个函数。例如在量子力学中，一个物理系统可以被一个复希尔伯特空间所表示，其中的向量是描述系统可能状态的波函数。详细的资料可以参考量子力学的数学描述相关的内容。量子力学中由平面波和束缚态所构成的希尔伯特空间，一般被称为装备希尔伯特空间（rigged Hilbert space）。

## 思维怎样转个弯

### 藏盗问题

19世纪初，日本的柳亭中彦写了一本《柳亭记》，书中出现了许多被人们称为藏盗的数学题目，反映了日本对于古代方阵问题的研究有了进一步发展。其中有一个题是：在中国和日本边界的中间，备有日本检查船只的关卡，那里有16人，哨所四边各有7个人，称7人哨所。有一次，8个海盗苦苦哀求把他们隐藏起来，哨所的队长想了一番，把哨所人员配置更换一下，居然把这些海盗隐藏起来，每边望去仍是7个人。于是，人们将这类问题叫藏盗问题，那么聪明的队长是怎么把海盗藏起来的呢？

原来，角上的一个人顶两个人，因为这个人在角上，从两个方向去数都需数他，因此在各边人数不变的前提下，无论是增加人或减少人，都要在角上想办法。这道题，16人每边7人，现在增加了8人，每边仍保持原人数，那么只要把四个角上各减少2个，挪到边去就行了。

### 马克·吐温的笔名的来历

萨缪尔·兰亨·克里曼斯在密西西比河当水手时，经常随船运送货物经过一座大桥。一夜货船载着一台高大的机器，要过大桥时，他听二副高喊："马克吐温。"原来上游连日暴雨，河水上涨，深有两寻（寻是英美长

度旧称，一寻为 1.829 米），"马克吐温"即水深两寻之意。船长听到喊声，立即抛锚停船，因为机器高出桥孔 2 寸，无法通过。正当船长一筹莫展时，萨缪尔想出了一个办法，既没有卸下机器，也没有等水落，就使船顺利通过了大桥。萨缪尔后来当上领航员，同时开始了写作。由于他长期生活在密西西比河，就索性把马克·吐温当做了自己的笔名。

马克·吐温在一篇小说中还写了这样一个情节：一辆载重汽车，要通过某隧道，该隧道高 3 米，但汽车加上车上货物总高度偏偏是 3.01 米。车上货物十分沉重，又无法搬动。正当司机垂头丧气时，来了一个机灵人，给他出了一个好点子，使这辆载重汽车顺利通过了隧道。

这里有两个问题：马克·吐温用什么方法使船通过了大桥？小说中的机灵人又给司机出了一个什么好点子？

答案是：马克·吐温让大家往船上搬一些石子之类的重物，使船吃水深一点；而机灵人让司机把胎中的气放瘪了一点儿，即可通过隧道。

## 奇怪的遗嘱

相传非常遥远的古印度，一位圣人临终前，把他的儿子们都叫到床前，立下了一分遗嘱：他共有 17 头牛，老大应得总数的 1/2，老二应得 1/3，老三只能得 1/9。老人过世后，兄弟们商量如何分牛，但反复计算也没有找出符合老人规定的分法，因为 17 的 1/2 是 17/2，17 的 1/3 是 17/3，17 的 1/9 是 17/9，这三个数都不是整数。如果按这种分法，要活活杀掉两头牛。这不仅在当时不允许，因为印度人非常崇拜牛，牛是不允许被宰杀的，而且也是不必要的。因此兄弟们请教了许多有学问的人，结果都表示爱莫能助。

一天，一个老农牵着 1 头牛从这家门前经过，听说了这件事。他想了一会儿，便说道："这容易，我把这头牛借给你们，你们按遗嘱的要求去分，分完后把这头牛给我就行了。兄弟三人按照老农的说法一分，老大分得 9 头，老二分得 6 头，老三分得 2 头。分完之后，正好剩下了老农这头牛，自然就还给了他。

## 爱迪生的"骑马思维"

爱迪生在工作之余，总是给助手讲一些既有教育意义，又很有趣的故事来鼓励他们积极思考、努力工作。下面的故事是一则关于"骑马思维"的故事。

古代有一个国王，他有两个儿了。因为年岁已高，所以他必须考虑好移交王位的事情。一天，他想考考两个儿子谁最聪明，以便让他继承王位。他对他们说："我给你们一人一匹马，黄色的给老大，青色的给老二。你们分别骑上自己的马，到泉边去饮水，谁的马走得慢，谁就是优胜者。"老大想，这好办，就慢骑呗！老二却不然，听了父亲的话后便急匆匆地奔向马棚，不一会儿便到了目的地，返回家并向父亲报到。老国王当时十分高兴，便立即决定将来由老二继承王位。原来，老二骑的是大哥的黄马。爱迪生要求他的助手不仅要有广博的知识，而且要具备这种"骑马思维"的能力。

**奇妙的数学问答**

爱迪生

## 数学家们的墓志铭

大数学家阿基米得的墓碑上，镌刻着一个有趣的几何图形：一个圆球镶嵌在一个圆柱内。相传，这是阿基米得生前最为欣赏的一个定理。数学家鲁道夫的墓碑上刻着圆周率 π 的 35 位数值，这个数值被叫做"鲁道夫数"，这是他毕生心血的结晶。

最奇特的墓志铭要数古希腊数学家丢番图了。他的墓志铭是一道谜语般的数学题："他生命的六分之一是幸福的童年；再活上十二分之一，颊上长出了细细的胡须；又过了生命的七分之一才结婚；再过五年他感到很幸福，得了个儿子；可是这孩子光辉灿烂的生命只有他父亲的一半；儿子死后，老人在悲痛中活了 4 年，结束了尘世的生涯。"幸亏有了这段奇特的墓志铭，后人才得以了解这位古希腊最后一位大数学家曾享年 84 岁，

那么自然可以算出他何时结婚，何时得儿，何是儿子死亡。其年龄的算法是：设年龄为 $x$，那么有 $x/6 + x/12 + x/7 + 5 + x/2 + 4 = x$，解这得 $x = 84$（岁）。

## 知识点

### 爱迪生

托马斯·阿尔瓦·爱迪生（1847 年—1931 年），美国发明家、企业家，拥有众多重要的发明专利，被传媒授予"门洛帕克的奇才"称号的他，是世界上第一个发明家利用大量生产原则和其工业研究实验室来生产发明物的人。他拥有 2 000 余项发明，包括对世界极大影响的留声机，电影摄影机，和钨丝灯泡等。在美国，爱迪生名下拥有 1 093 项专利，而他在美国、英国、法国和德国等地的专利数累计超过 1 500 项。1892 年创立通用电气公司。他是有史以来最伟大的发明家，迄今为止，世界上没有一个人能打破他创造的发明专利数世界记录。

### 延伸阅读

## 囚犯活命问题

5 个囚犯，分别按 1 号—5 号在装有 100 颗绿豆的麻袋抓绿豆，规定每人至少抓一颗，而抓得最多和最少的人将被处死，而且，他们之间不能交流，但在抓的时候，可以摸出剩下的豆子数。问他们中谁的存活几率最大？

提示：

1. 他们都是很聪明的人。

2. 他们的原则是先求保命，再去多杀人。

3. 100 颗不必都分完。

4. 若有重复的情况，则也算最大或最小，一并处死。

再考你一个乒乓球问题：

假设排列着 100 个乒乓球，由两个人轮流拿球装入口袋，能拿到第 100 个乒乓球的人为胜利者。条件是：每次拿球者至少要拿 1 个，但最多不能超过 5 个，问：如果你是最先拿球的人，你该拿几个？以后怎么拿就能保证你能得到第 100 个乒乓球？

## 你知道这些有趣的问题吗

### 高斯的妙算

大家对德国大数家高斯小时候的一个故事，可能已经很熟悉了。传说他 10 岁时，老师出了一个题目 $1+2+3+\cdots+99+100$ 的和是多少？老师刚把题目说完，小卡尔就算出了答案，这 100 个数的和是 5050。

原来小卡尔是这样算的：挨次把这 100 个数的头尾都加起来，即 $1+100$，$2+99$，$3+98\cdots$，$50+51$，共 50 对，每对都是 101，总和就是 $101\times50=5050$。

现在，请你算一道题：从 1 到 1000000000，这 10 亿个数字之和是多少？

注意：这道题说的是"10 亿个数的数字之和"，不是"这 10 亿个数的和。"比如 1、2、3、4、5、6、7、8、9、10、11，这 11 个数的数字之和是 $1+2+3+4+5+6+7+8+9+10+1+1=48$。

解题方法是：可在 10 亿个数前加一个"0"，再把 10 亿个数两两分成组，如：999999999 和 0；999999998 和 1；999999997 和 2；999999996 和 3；依次类推，一共可分成 5 亿组，各组数字之和均为 81，最后一个数 1000000000 不成对，但它的数字之和是 1，所以这 10 亿个数的数字之和为 40500000001。

### 马尔萨斯的人口推算

马尔萨斯的《人口论》于 1789 年发表后，引起世人的惊觉。为了更进一步说明自己的观点，马尔萨斯出了一道关于人口增长速度的题：地球上

奇妙的数学问答

人类可居住的地区（包括撒哈拉沙漠和南北极地区）大约是 53400000 平方里，再过 160 年左右，即到 1950 年底，在这些土地上居住的人口是 2509800000。据估计到 1987 年底，人口将膨胀到 5019600600，到 20 世纪末，将会超过 60 亿。

这里人口增长的相对速度不变，那么哪一年我们就会达到世上每个人只有一平方码的土地？为了节省你的时间，可以在这里告诉你，一平方里是 3079600 码。回答这个问题，通常需要用所谓对数外推法，但这是一道关于测试智力的题目，不是纯数学题。的确，要用一种简单方法来得出答案——这是一个令人吃惊和可怕的答案。答案是，世界人口密度按目前的增长速度，到公元 2543 年，将达到每平方码的土地上就有一个人。

## 印度莲花问题

这里首先是一首诗，又是一道数学题：平平湖水清可鉴，面上半尺行红莲；出泥不染亭亭立，忽被强风吹一边。渔人观看忙向前，花离原位两尺远；能算诸君请解题，湖水如何知深浅。这便是著名的"印度莲花问题"，这首歌谣是我国人民用汉文翻译编撰而成的。而这首歌谣的第一作者是 12 世纪时印度著名的数学家婆什迦罗。今人解此题的方法并不算难，只是用勾股定理一套便可迎刃而解，但是当时能用歌谣形式帮助人们掌握勾股定理，却是难能可贵的。

其实，早在公元前 1100 年前，即西周时期，当时的一位著名学者叫商高，便提出了"勾三、股四、弦五"的著名勾股定理，这在我国最早的一部数学著作《周髀算经》中便有记载。古希腊数学家毕达哥拉斯在公元前 550 年首先证明了这个定理，因此国外又把这个定理称为"毕达哥拉斯定理"。我国元代数学家朱世檵也以歌谣形式，生动反映了我国古代数学巨著《九章算术》中的"葭映中央问题"。其歌谣为：今有方池一所，每面丈四方停；葭生西岸长其形，出水三十寸整。东岸蒲生一种，水上一尺无零；葭蒲梢接水平齐。借问三般怎定？此歌谣与"印度莲花问题"歌谣相映成趣。

## 洒上墨汁的算式

牛顿在中学读书时，有一次上数学课，数学老师出了 100 道加法算式题写在黑板上，并要同学们必须在 15 分钟内完成。牛顿当时是全班数学学得最好的一名学生，所以他仅用了 10 分钟就完成了这 100 道题。正当他起身准备把答卷交给老师的时候，不小心把墨汁洒在了算草本上，其中的一道题被弄模糊了，仅剩下了三个清楚的数字。老师走过来，微笑着对他说："你不要着急，现在你别看黑板，能凭记忆将这道题重新完成吗？"牛顿当时无论如何也记不起这些被墨迹掩盖的数字了，他只记得整道题凑巧用 0、1、2、3、4、5、6、7、8、9 全部 10 个数字，而且每个数字只用了一次。于是，他只稍微地琢磨了一会儿，便迅速地补全了这道题，最终他还是在 15 分钟内完成了这 100 道题，并且第一个交上了答卷。

## 爱因斯坦的奇特记忆方式

爱因斯坦年轻的时候，有一次，他的女朋友打来电话说："我的电话号码又更换了，真难记。请你记好。"女友说。"好，我记下来。"爱因斯坦回答。"24361""这有什么难记？两打与 19 的平方！好啦，我记住了！"爱因斯坦说完，又不无遗憾地告诉对方，自己的电话号码也换了。不过，他并没有直接告诉对方具体号码是多少，而是说："原来和新换的电话号码都是 4 位数；新号码正好是原来号码的 4 倍，而且原号码从后面倒着写正好是新号码"。请问，你可知道这个新号码是多少吗？

答案是：新号码是 8712，正好是旧号码 2178 的 4 倍。此题仅有这一个答案，不信您可以仔细再算一下。

## 托尔斯泰的割草问题

俄国大文豪托尔斯泰不仅是文学巨匠，而且是个有名的"数学谜"。一有闲暇，他便动手编创数学题，其中"割草问题"便是其中最有趣的一道。

一些割草人在两块草地上割草，大草地的面积比小草地的面积大 1 倍。上午全体割草人全在大草地上割草，下午他们对半分开，一半人留在大草地上，到傍晚时把剩下的草割完；另一半人到小草地割草，到傍晚时还剩下一块没割完，剩的一小块草地第二天由一个人割完。假定每半天的劳动时间相等，每人工作效率亦相同，问共有多少割草人？

下面是托尔斯泰的解法。因为大草地全体人割了一个上午，一半人割

了一下午才将草地割完，所以如果把大草地的面积比做是 1，那么一半人在半天里割草的面积为 1/3，所以另一半人在小草地上工作了一下午割草面积也应为 1/3。由此可推断出，第一天割草面积为 4/3。剩下的面积是多少呢？由大草地的面积比小草地大 1 倍，可知小草地面积为 1/2。因为第一天下午已割的小草地面积为 1/3，那么所剩面积应是 1/6，而这 1/6 恰好是第二天一个人的工作量。所以，将第一天割草总面积除以第一天每人割草的面积，就是参加割草的总人数，即 4/3÷1/6＝8（人）。

托尔斯泰

## 意外的转换

有一次，一个青年慕名去拜访几何学家欧几里得，向他请教数字如何在几何里转换。欧几里得没有正面回答这个问题，而是和他玩了一次卡片游戏。假定你有 9 张标着数字的卡片，这些卡片分别为 1、2、3、4、5、6、7、8、9，这些卡片可以用几种不同的方法分成几组。例如：我们要分成两组，其中一组的数字之和要是另一组的两倍，那么我们就可以把 1、2、5、7（＝15）分为一组，把 3、4、6、8、9（＝30）分为另一组。现在请将卡片分成两组（一组是 4 张，另一组是 5 张），使一组卡片上所看到的数字之和是另一组的 3 倍。如果一次您没成功，请您记住手上的是卡片。

答案是：将 6 转过来就变成了 9，然后将卡片分成 1、2、4、5（＝12）一组，3、7、8、9、9（＝36）一组，如果 6 不倒转过来，问题无法解决。

## 杰克·伦敦的旅行

一天，杰克·伦敦乘套 5 条狗的雪橇，从斯卡格雅伊赶赴自己的营地，因为那里有个朋友眼看就要死了。

在旅途中，第一个昼夜，有两条野性非常强的狗扯断了缰绳，和狼一起逃走了。无论杰克·伦敦怎么喊，这两条狗都不回来。于是，无奈之中，剩下的路程只好用3条狗来拉雪橇了，但是前进的速度只是原来的3/5。杰克·伦敦真的是心急如焚，因为这样的话，他就很有可能再也不能见到这位好朋友了，这将是他的一个终生遗憾。最后，杰克·伦敦到达目的地的时间比预期的迟了两个昼夜，他的朋友早在一天以前就与世长辞了，临死前还呼唤着他的名字。其实，逃跑的两条狗如果能再拖雪橇走50公里，杰克·伦敦就能比预定时间只迟到一天。这样，他就完全能有机会再见朋友最后一面。聪明的读者，你能算出杰克·伦敦此次旅程的里程是多少吗？

答案是：此次旅程有 400/3 公里。

## 知识点

### 托尔斯泰

全名：列夫·尼古拉耶维奇·托尔斯泰，俄国作家、思想家，19世纪末20世纪初最伟大的文学家，19世纪俄国伟大的批判现实主义作家，是世界文学史上最杰出的作家之一，他被称颂为具有"最清醒的现实主义"的"天才艺术家"。主要作品有长篇小说《战争与和平》《安娜·卡列尼娜》《复活》等，也创作了大量的童话，是大多数人所崇拜的对象。他的作品描写了俄国革命时的人民的顽强抗争，因此被称为"俄国十月革命的镜子"。列宁曾称赞他创作了世界文学中"第一流"的作品。他的作品《七颗钻石》《跳水》《穷人》已被收入人教版和冀教版小学语文书。

## 延伸阅读

### 想两个有趣的问题

5个人来自不同地方，住不同房子，养不同动物，吸不同牌子香烟，

喝不同饮料，喜欢不同食物。根据以下线索确定谁是养猫的人。

1. 红房子在蓝房子的右边，白房子的左边（不一定紧邻）。

2. 黄房子的主人来自香港，而且他的房子不在最左边。

3. 爱吃比萨的人住在爱喝矿泉水的人的隔壁。

4. 来自北京的人爱喝茅台，住在来自上海的人的隔壁。

5. 吸希尔顿香烟的人住在养马人的右边隔壁。

6. 爱喝啤酒的人也爱吃鸡。

7. 绿房子的人养狗。

8. 爱吃面条的人住在养蛇人的隔壁。

9. 来自天津的人的邻居（紧邻）一个爱吃牛肉，另一个来自成都。

10. 养鱼的人住在最右边的房子里。

11. 吸万宝路香烟的人住在吸希尔顿香烟的人和吸"555"香烟的人的中间（紧邻）。

12. 红房子的人爱喝茶。

13. 爱喝葡萄酒的人住在爱吃豆腐的人的右边隔壁。

三个小伙子同时爱上了一个姑娘，为了决定他们谁能娶这个姑娘，他们决定用手枪进行一次决斗。小李的命中率是30%，小黄比他好些，命中率是50%，最出色的枪手是小林，他从不失误，命中率是100%。由于这个显而易见的事实，为公平起见，他们决定按这样的顺序：小李先开枪，小黄第二，小林最后。然后这样循环，直到他们只剩下一个人，那么这三个人中谁活下来的机会最大呢？他们都应该采取什么样的策略？

## 关于"第五公设"的争论停止了吗

在数学发展史的长河中，关于"第五公设"问题有过一场激烈的争论。所谓"第五公设"就是欧几里得在"几何原本"的"公设"一节里列出的第五条。用现在的叙述形式，就是目前中学平面几何中的平行公理，即"过直线外一点，只能引一条直线与已知直线平行"。后来，许多人对这一公设的必要性产生怀疑，看法不同，争论不休，最后导致俄罗斯数学家罗巴切夫斯基得到所谓"罗氏公设"，即"过直线外一点可以引无数条直线与

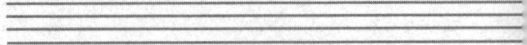

已知直线平行"，并由此创立了"想像几何学"。德国数学家黎曼给出了所谓"黎曼公设"，即"过直线外一点，和已知直线相平行的直线，一条也引不出来"，并由此创立了"黎曼几何学"。参与争论、研究这个"第五公设"的大有人在，这场争论持续的时间长，得到的研究成果也大，在数学的历史上留下了生动的一页。要想了解这场争论，还得从头说起。

几何观念的产生，可以追溯到非常古老的时代。远在四千多年以前，无论是西方的古埃及和巴比伦，还是东方的中国和印度，都已经产生了某些粗糙的和单凭经验的几何观念。相传是由于划分土地和土地测量等生产实践的需要而产生了"几何学"。当时研究几何之风甚盛，哲学家和数学家柏拉图在他所设的学院门口挂着这样一块牌子："不懂几何的人，请勿入内。"可见，当时人们是何等重视"几何学"的学习。"几何学"这个名词的原意就是"测地学"，当"几何学"逐渐走向逻辑推理的道路之后，不仅成为从事数学和技术的人们所应用和研究的对象，而且成为哲学家们讨论的对象。

## 欧几里得的功绩

欧几里得大约生活在公元前 330 年到 275 年之间，他是古代最伟大的数学家之一。据传说，马其顿人侵埃及后，在尼罗河口建筑了"亚历山得里亚城"和"亚历山得里亚大学"。这所古老的大学在早期培养了三个最伟大的数学家，其中之一就是欧几里得，另外两位便是阿基米德和亚波罗纽斯。

在欧几里得时代，希腊人已经具有较深的几何知识。许多希腊学者已经尝试着按逻辑相关的次序去著书立说。欧几里得最惊人的贡献，就是他系统地整理了前人的发明创造，出版了他的巨著《几何原本》，全书共十三章，在这个关于初等几何的丰富的科学论著里，欧几里得力求从少数的命题出发，来构成几何学的严格的逻辑体系。不难想像，把许多几何知识统筹起来，搜索不同定理的证明，特别是把它们排成逻辑的链子，是一项重要而且十分困难的工作，没有高度的技巧是完不成这一重要任务的。

我们中学几何课本里，尽管是现代化的叙述方法，但就其内容而言，超出了《几何原本》的范围。相继数千年，《几何原本》仍不减它的光辉，可见欧几里得功绩之大。欧几里得的几何学在 18 世纪末及 19 世纪初获得

了重要的发展，成为天文学、力学、物理学、电工学、光学，特别是飞机的机翼及螺旋桨原理等许多科学技术的基础。

历代著名的科学家，如哥白尼、伽利略、笛卡儿、牛顿、罗蒙诺索夫、拉格朗日、罗伯切大斯基、奥斯特济格拉德斯基等。

欧几里得《几何原本》之所以得到极高的评价，正是由于他提出了在几何证明过程中，不能无止无休地追根溯源，追来追去总要追到某些原始的、不加证明而被承认的命题。在数学理论中，那些不加证明而被直接承认的命题叫做公理，如"过直线外一点能引且只能引一条直线与已知直线平行"，就叫做平行公理。

公理虽然不加证明而被承认，但是它的真实性的确不必怀疑。因为任何命题要称之为公理，必须是经过人们千百万次实践验证无误，真实地描写了现实世界的数量关系或空间形式的基本性质。

根据这一点可见，固然不能无论什么样的命题都叫做公理，同时也必须有足够数量的公理。如现在已严格整理了希尔伯特（1802—1943 年）几何公理系统，若去掉了任何一条，就会使一系列的命题失去依据。也就是说，若公理不完备，则几何学的内容或者是不完备，或者是在逻辑论证上要有缺陷，那么怎样才算恰到好处呢？一般来说，公理应该具备以下几个条件：

1. 公理的显而易见性。这一条件只作为一个一般的要求，因为一个公理是否显而易见，很难定出一个明确的标准来。

2. 公理的无矛盾性。

3. 公理的最少个数。

4. 公理的完备性。

在公理的选择上，并不是所有的人都一致，他们可以各自选择不仅在文字上有所不同，甚至在内容上也可以完全不同的公理，但是所推导出来的几何命题都是大致相同的。那么，为什么从不同的公理出发能导出相同的几何命题呢？原来，人们所选择的公理尽管在内容上不同，但在作为论证几何命题的根据来说，都是等价的。

所谓等价，就是例如有甲、乙两命题，我们若把甲命题看成是公理，则由甲可以推出乙命题；反过来，我们若把乙命题看成公理，则又可以由乙推出甲命题。结果，这两个命题中的任何一个成立，就会导致两个命题

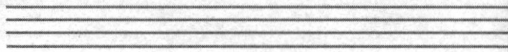

都成立。因此，我们把甲、乙两命题说成是"等价"的。

为了讲清从欧几里得第五公设开始的这场争论，我们把欧几里得几何原本中的公设和公理引述如下（公理和公设的实际意义是相同的，由于原本中是分两部分列出来的，这里也分两部分抄录）：

## 公 设

要求下面一些事项：

1. 从证一点到另一点可引直线。

2. 有限的直线可以无限延长。

3. 从任何中心可用任何半径画圆周。

4. 所有的直角都是相等的。

5. 若两直线和第三直线相交且在同一侧所构成的两个同侧内角之和小于两直角，则把这两直线向这一侧适当地延长之后一定相交。

## 公 理

1. 各与同一第三个量相等的两个量也一定相等（即都与第三个量相等的两个量一定相等）。

2. 若相等的加上相等的，那么整个也相等（即等量加等量其和相等）。

3. 若从相等的减去相等的，那么所获得的差也相等（即等量减等量其差相等）。

4. 互相重合的一定相等。

5. 整个大于部分（即全部大于部分）。

当然，欧几里得几何原本中还有"定义"，因为只有公理或公设以及定义才能组成几何学上逻辑论证的依据。由于与我们要讨论的问题关系不大，所以不再引述。

### 争论的起点

前面概述了欧几里得的业绩，但是这并不等于说《几何原本》完美无缺。事实上，经过长时期的推敲，《几何原本》也有不少缺点。

首先，欧几里得所给出的许多定义，完全不是在逻辑的意义下的定义，而只是对几何形象的一目了然的描写，所以后面对命题进行逻辑证明时，

用处不大。

其次，有些公理和命题是多余的，如"所有直角都是相等的"。

在 19 世纪时，人们又指出了《几何原本》缺"位置公理"、"连续公理"和"移形公理"。如果没有这些公理，几何问题的逻辑证明说不可能是严密的，如没有位置公理，则"在……中间"、"在……内部"、"在……外部"等就无法区别；没有连续公理，在平面内两条不平行的直线保证不了一定相交；没有移形公理，在图形移动时，也保证不了线段能不能弯曲、角度大小会不会改变等等。

关于这些问题正如罗巴切夫斯基写道："欧几里得《几何原本》，这样一来，不管它的年代多么久远，不管在数学中我们的全部光辉成果如何，直到现在都保存了它的原始缺点。"

位置公理、连续公理和移形公理，人们在研究的过程中都一一地补上了。应该特别说明一点，只是由于科学事业的日趋发展，人们才不断地发觉《几何原本》的不足。任何事物一出世，就要求它十全十美是不可能的。两千多年前的欧几里得能够给出这样比较完整的几何系统，应该认为是奇迹了，因此尽管《几何原本》存在上面所述的一些问题，它的伟大意义并不因此而有所削减。

人们并不责怪欧几里得《几何原本》的不完备性，但是对"第五公设"却提出了许多不同的见解。因为它和其余的公理或公设比较起来，尽管也很符合我们的日常经验，它的真实性也是众所公认的，但就是不如其他公理或公设给人一种显而易见的感觉。在同一平面内两条平行的直线永不相交的性质，确实只能在平面的有限部分内直观地看出来，而必需包含着超越范围的想像在内。

奇怪的是，在破绽很多的公设系统中，历史上不少数学家并没有因此而走上欧几里得证法的逻辑改善的正路，偏在通过修正"第五公设"上下了功夫，要把这一公设变成定理，企图从前面的定义、公理出发，给予严格的证明，即希望把这个第五公设变成定理。原来，人们并没有怀疑这一公理所叙述的事实，然而当人们进行激烈争论之后，特别是在反复试证中，总是发觉其中有缺点，到后来"第五公设"所叙述的事实也受到怀疑。

到底能不能利用前面的定义和公理把第五公设证明出来呢？即能不能变第五公设为定理呢？在几何的历史中占着极重要的位置。世界许多著名数学家都被吸引到这一争论中了。直到 18 世纪末，这个关于第五公设的问题都是最为流行的难题之一，一直没有得到解决。我们甚至有理由猜测：欧几里得本人也很可能尝试过"第五公设"的证明。因为《几何原本》中的"第五公设"，直到在第二十九个命题的证明中迫切要用的时候才出现，而在这以后，其余各命题始终没有再用。可见，欧几里得本人对这个公设也感到不满意，而不去反复用它。

在"第五公设"问题的研究日趋明朗，逐步完善的情况下，德国数学家希尔伯特将几何学中的全部定义和公理进行了最严格的数学处理，发表在他的一本著作《几何基础》中，这本书在 1899 年出版，1903 年获得了以罗巴切夫斯基的名字命名的国际奖金，奖励他在这本书里不但提出了完备的几何公理系统，而且还给出证明一个公理对于别的公理的独立性和证明已知公理系统确实完备的普遍原则，奖励他由于这部书的发表而使"几何学"的研究和发展开创了一个新纪元。

这部书中，他把全部公理整理成五组公理群，即

I 组，关联公理：包括八个公理。

II 组，顺序公理：包括四个公理。

III 组，合同公理：包括五个公理。

IV 组，连续公理：包括四个公理。

V 组，平行公理：包括一个公理。

## 一个崭新的几何世界

第五公设到底能不能变为定理给以证明，其说法不一。有的人能为此而奋斗一生，反复证明这个第五公设；有的人毫无收获便抛弃了这个研究方向；有的人也得出一些有价值的命题，但是没有达到变第五公设为定理的最终目的；也有人声称自己证明了第五公设，但后人终于还是找出其证明的错误。

二千多年来，所有称得起为数学家的人都尝试了这一工作，他们都花费了巨大的劳动，总希望能有其他更明显的命题，把这个第五公设证明出来，有时好像已经胜利在望，可是最后不是自己就是别人指出在证明里犯了逻辑上的错误。

这种逻辑上的错误，都是由于虽然没有直接用第五公设，可是证来证

去总是用了各种各样与第五公设"等价"的命题，而这些等价命题需要证明，正如第五公设需要证明一样。

为了读者便于理解，我们列出一些既简单又浅显的与第五公设等价的命题，也就是说从第五公设（用欧几里得的叙述）出发，可以证明下面任何一个定理；反之，把下面任意一条作为公理，都可以将其他几条包括第五公设在内推证出来。

1. 过已知直线外一点，只能作一条直线与已知直线平行（第五公设的现代叙述）。

2. 两条平行线被第三条线所截，则内错角相等。

3. 三角形的外角等于其不相邻的两内角的和。

4. 三角形内角和为两个直角。

18 世纪意大利数学家萨凯里（1667—1733 年），企图不用第五公设来证明四边形的内角和等于四个直角。假若他证明成功了，回过头来就可以证明第五公设了。他引出了一系列新的命题，然而证来证去还是用了一个与第五公设等价的命题，即"有限图形的性质可以扩大到无限图形的范围中去"，因而宣告失败。后来，他甚至绝望地说："第五公设是不可打破的。"他虽然没有攻破第五公设，但却成了建立非欧几何学的先驱者。他所引出的一系列的命题，都进入了罗巴切夫斯基的无矛盾的非欧几何学了。

18 世纪瑞士数学家伦培脱（1728—1777 年），在自己的著作"平行线理论"中所研究的内容和萨凯里想到的问题极为相似，也是以失败而告终了。

后来，德国数学家勒让德（1752—1833 年）也是想不用第五公设来证明"任意三角形内角和等于两个直角"，他一共引出了五个很有价值的命题，这五个命题在任何一本关于非欧几何的书上都可以找到，如：

1. 若每个三角形的内角和等于两直角，则第五公设可以证出。

2. 在每个三角形里，内角和不会超过两直角。

3. 若至少有一个三角形的内角和等于两直角，则每个三角形的内角和都等于两直角。

4. 若存在这样的锐角，在它的一边的任意点上引垂线，总与另一边相交，则第五公设可以证出。

5. 四边形内角和为四直角与三角形内角和为二直角是等价的。

勒让德不仅给出如上五个命题，而且始终认为自己已经解决了第五公设的证明问题。然而，后来人们终于找到了他还是不自觉地利用了一个与第五公设等价的命题，这样他的所谓第五公设已被证明的结论也被推翻了。

在19世纪初，俄国的数学家罗巴切夫斯基、匈牙利的数学家鲍里埃和德国的数学家高斯，在前人研究的基础上，不约而同地提出了一个全新的几何学观点，跳出了人们习惯的欧几里得几何的圈子，开创了一个新的几何世界。这种跳跃花费了两千多年的时间，冲破了千百万人的习惯势力，是多么不容易啊！

我们知道高斯，当时由于他的数学成就之大而有世界声望，被称为"数学王子"，成了全球数学界的最高权威，然而当他得到第五公设不能证明的结论后，怕被别人嘲笑而不敢公开发表。只是在1824年给友人的信上写道："三角形内角和小于两直角，这个假定引导到特殊的与我们的几何完全不同的几何，这几何是完全一贯的，并且我发展它本身，结果完全令人满意。"高斯尽管很早就有了非欧几何的轮廓，由于他怕这种新思想不会被人理解，更怕当时凶残的教会势力，所以不仅他一辈子没有勇气发表自己的关于第五公设的论著，甚至也未支持别人做这方面的工作。

高斯大学时代的同学匈牙利的数学家鲍里埃终生从事于第五公设的证明，他的工作没有什么大的成就。但是，他的儿子约翰. 鲍里埃却获得了出色的战果。约翰在1817年—1822年在维也纳工学院读书时，就醉心于第五公设的证明，并且到1823年时他已信心百倍地认识到有可能创立新的几何学。虽然当他的父亲知道他也在搞第五公设的证明而给他写信说："希望你放弃这个问题，对这样一个问题的害怕应该更多于感情上的迷恋，它会剥夺你生活的一切时间、健康、休息和一切衣裙。"这丝毫没有影响约翰为开拓新道路而继续工作。当父亲把约翰研究的成果寄给高斯征求意见时，高斯的回信却使约翰大失所望。信中说："如果我一开始便说我不能称赞约翰的工作，那一定会感到奇怪。但是我确实不能说别的话，因为称赞他等于称赞我自己。你的儿子所采用的方法和他所达到的结果几乎全部和我自己在三十年前已开始的个人沉思相符合。我自己的著作，虽然写好的仅是一小部分，我本来永远不愿发表；现在有了老友的儿子能够把它写下来，免得它与我一同淹没，那是使我最高兴没有了。"高斯这样不支持约翰的工作而犯了一个大错误。约翰由于没有人理解、同情和给予精神上的支援而陷于失望，甚而误认别人争优先权而放弃了一切数学研究。

19世纪20年代俄罗斯伟大的数学家，喀山大学数学教授尼可拉·伊几诺维奇·罗巴切夫斯基（1793—1856年）比高斯勇敢，比鲍里埃顽强。他不怕别人讥笑，终于在他的第一部著作里，就把非欧几何发展得非常广阔，非常深刻。正如希尔伯特教诲的那样，第五公设问题的解决同样地是伴随着一片全新的数学园地的开辟，那就是以罗巴切夫斯基名字命名的另外一种新的几何学——"罗巴切夫斯基几何学"。这个新的几何系统保留了欧几里

罗巴切夫斯基

得几何公理中的前四组，取消欧氏的第五公设，再添上一个所谓"罗氏公设"，即V组。罗氏公设：在平面上通过一直线外的一点，至少可以作这条直线的两条平行线。

《罗巴切夫斯基几何学》就是以上述五组公理为基础，推导出大量的新命题而构成了与欧几里得几何完全不一样的新的几何世界。

我们不想在这里详述罗氏几何的具体内容，为了让读者知道它比欧氏几何新在何处，只列出罗氏几何中的几个概念和定理，有兴趣的读者可以查阅有关书籍。

关于平行线的定义如图，若

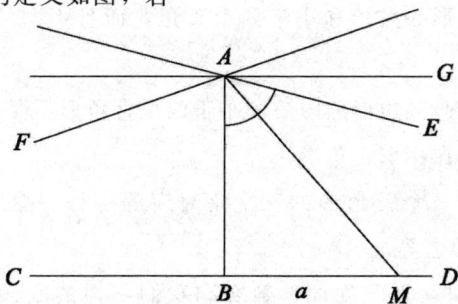

平行线的定义

（1）直线 $AE$ 不与直线 $a$ 相交；

（2）凡在 $\angle BAE$ 内部的所有射线 $AM$ 必与射线 $BD$ 相交。

满足上述两个条件的直线 $AE$，叫做直线 $a$ 在 $C$ 到 $D$ 方向下的平行线。满足条件的直线 $AF$ 叫做 $a$ 在 $D$ 到 $C$ 方向下的平行线。

为了读者跳出欧几里得几何的圈子，对这个定义简单说明如下：

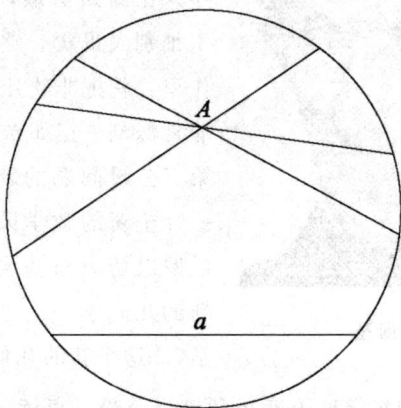

圆内一条弦

如图我们设想圆内一条弦 $a$ 及圆内不在 $a$ 上的一点 $A$，过 $A$ 所作不与 $a$ 在圆内相交的直线显然是无穷多条。假设把圆的直径不断增大，上面的叙述显然还是成立。因此，当我们把圆的直径不断增大，过 $A$ 的无穷多条直线和直线 $a$ 可以在任意有限大的平面内不相交。至于假设平面是无限大呢？这已经超过了直觉的范围，归根到底是一个逻辑性的问题。在这种意义下，对"罗氏几何"中平行线的定义就易于理解了。

**定理 1**：三角形的内角和小于两个直角，而且不同的三角形有不同的内角和。

**定理 2**：任何凸四边形的内角和小于四个直角形不存在。

**定理 3**：不存在相似三角形。

**定理 4**：如果一个三角形的三个角对应等于另一个三角形的三个角，那末这两个三角形全等。

仅举以上几例就别开生面。确实和我们习惯的欧氏几何走的是两条道路。

新路的开拓者付出了艰巨的劳动，使几何学发生了重大的变革。罗巴切夫斯基出生在一个穷苦人的家里，三岁时父亲就去世了。有毅力、有远见的母亲，克服了许多困难供他读完中学，又支持他考入了新建立的喀山大学。在学生时代，罗巴切夫斯基的数学才能就初露锋芒，1810 年获得了硕士学位，四年后得到了副教授的称号，1816 年又晋升为教授，1827 年他被选为喀山大学的校长。高斯非常重视罗巴切夫斯基的几何思想。为了阅读他的原著，高斯还专门学习了俄语，并且亲自介绍罗巴切夫斯基参加"哥廷根科学协会"，推荐为通讯院士。

和高斯不同的是罗巴切夫斯基不怕别人不理解，不怕别人讥笑，勇敢地坚持自己的几何思想，一篇接着一篇地发表自己的研究报告。当他的几何观点宣布以后，教会的主教宣布他的学说是邪说，还有人用匿名的方法在反动的杂志上谩骂他，甚至宣布他为疯人，但他还是坚持自己的思想，继续发表自己的著作，为捍卫新的观点进行顽强的斗争。直到晚年双目完全失明，他还用口授的办法，留下了最后的著作《泛几何学》。一位英国数学家感动地说罗巴切夫斯基是"几何学的哥白尼"。

罗巴切夫斯基的几何学得到公认后的 28 年，德国数学家黎曼（1826—1866 年）又创立了另一种几何学。这个新的几何系统也是以欧氏前四组公理为基础（去掉了 V 组公理，也不采用罗氏公理），外加一个所谓"黎曼平行公理"而构成的。

黎曼平行公理是：同一平面上的任何二条直线一定相交，即过直线外的一点，一条平行于已知直线的平行线也作不出来。黎曼根据这样五组公理，同样推导出一系列的几何命题，这种几何学通常称为"黎曼几何学"。

"罗氏几何"、"黎曼几何"统

黎　曼

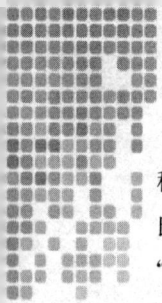

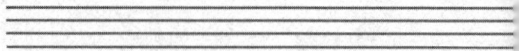

称为非欧几何学。此外，仅从欧氏公理的前四组为基础（即不用欧氏、罗氏、黎氏第五公理）而展开的几何系统，称为"绝对几何学"或者叫做"几何基础"。

显然，凡是"绝对几何学"中的命题，在"欧氏几何"、"罗氏几何"、"黎氏几何"中都成立，因为这种命题的证明，既不用欧氏第五公设，又不用罗氏公设，更用不到黎氏公设。如定理：若两个三角形的两边及其夹角对应相等，则两个三角形全等。相反的，超出"绝对几何学"这一公共部分外的所有命题，这三种几何学（欧氏几何、罗氏几何、黎氏几何）中都是各不相同的。例如：

在欧氏几何学中，

**定理**：三角形三内角和等于两个直角。

在罗氏几何学中，

**定理**：三角形三内角和小于两个直角。

在黎氏几何学中，

**定理**：三角形三内角和大于两个直角。

## 三种几何，到底哪个对？

原来只有欧几里得几何学，由于对第五公设的争论，就出现了三种几何，而且三种几何学中所得的许多命题、定义又各不相同，甚至可以说有些命题是互相对立的。在一种几何学中，说是小于，在另一种几何学中就说是大于；在一种几何学中，说是可以引与已知直线相平行的直线，在另一种几何学中就说不可引。那么，到底哪个对呢？

这个问题回答起来很简单。比如，我们要去火车站，可能有好几条路可走，而且这几条路开始一段是重合的，走一段距离后才开始分岔，但不管走向哪个岔路，最后一定都能到达火车站。再如书桌、办公桌、饭桌，到底哪一个是真正的桌子。不言而喻，在第一个例子中，走四条路都对；在第二个例子中，哪一张桌子都是桌子。通过这两个例子，说明三种几何学都是对的，无可怀疑，而且关于这三种几何学各自所有的命题都满足无矛盾性和完备性，这都有严格的数学证明。经过长期的科学实践，特别是爱因斯坦的相对论的产生，进一步证实了：在宇宙空间中（宏观或微观情况下）非欧几何更符合于客观实际的需要，在日常生活中或工农业生产中，

则欧氏几何学更为适用一些；而在地球表面研究如航海、航空等问题中，则黎氏几何更为方便。

是的，用不着怀疑它们的正确性。正是由于非欧几何跳出了我们所习惯的圈子，它力图变成了相对论里不可缺少的一个环节。科学家说："工程师们如果要研究有关宇宙速度和超级距离的问题，或者要深入到原子、粒子世界里面去，他就要用相对论来认识和解释。"岁巴切夫斯基有一句名言："去问问大自然吧，它保有全部的秘密，一定会把你提出的问题回答得相当满意的。"

## 知识点

### 第五公设

平行公设（parallel postulate），也称为欧几里得第五公设，因是《几何原本》五条公设的第五条而得名。这是欧几里得几何一条与别不同的公理，比前四条复杂。公设是说：

如果一条直线与两条直线相交，在某一侧的内角和小于两直角，那么这两条直线在不断延伸后，会在内角和小于两直角的一侧相交。

假设所有欧几里得公设成立的几何，是欧几里得几何，当中包括平行公设。平行公设不成立的称为非欧几里得几何。不依赖于平行公设的几何，也就是只假设前四条公设的，称为仿射几何。

### 延伸阅读

### 黎曼几何

黎曼几何是德国数学家黎曼创立的。他在 1851 年所作的一篇论文《论几何学作为基础的假设》中明确的提出另一种几何学的存在，开创了几何学的一片新的广阔领域。

黎曼几何中的一条基本规定是：在同一平面内任何两条直线都有公共

点（交点）。在黎曼几何学中不承认平行线的存在，它的另一条公设讲：直线可以无限延长，但总的长度是有限的。黎曼几何的模型是一个经过适当"改进"的球面。

近代黎曼几何在广义相对论里得到了重要的应用。在物理学家爱因斯坦的广义相对论中的空间几何就是黎曼几何。在广义相对论里，爱因斯坦放弃了关于时空均匀性的观念，他认为时空只是在充分小的空间里以一种近似性而均匀的，但是整个时空却是不均匀的。在物理学中的这种解释，恰恰是和黎曼几何的观念是相似的。

此外，黎曼几何在数学中也是一个重要的工具。它不仅是微分几何的基础，也应用在微分方程、变分法和复变函数论等方面。

## 经典的算题有哪些

### 塔尖灯的盏数

此题是明代数学家程大位所著《算法统宗》中的一道题：远望巍巍塔七层，红灯点点倍加增，共灯三百八十一，问问塔尖几盏灯？译成白话文即是远远望去，一座高塔巍巍耸立，共有七层。塔内红灯闪烁，由上至下每一层灯都较上层增加一倍。高塔共有灯三百八十一盏，那么试问塔尖有几盏灯？我们可以先来分析一下，整个塔从上至下数，如果塔尖灯数为 1，第六层则为 2，顺次往下，第五层为 4，第四层为 8，第三层为 16，第二层为 32，第一层为 64，这样根据题意列出代数

程大位

式：$381 \div (1+2+4+8+16+32+64) = 381 \div 127 = 3$（盏）。

我们也可以用方程法解这道题，先设塔尖灯的盏数为 $X$，那么顺次下去，从六层到一层塔灯的盏数分别为：$2X$、$4X$、$8X$、$16$、$32X$、$64X$，根据题意列方程：$X+2X+4X+8X+16+64X=381$，解方程求得 $X=3$（盏）。

## 欧几里得算题

几何学之父、古希腊数学家欧几里得曾出过这样一道题：骡子和驴驮着谷物并排走在路上，骡子在途中对驴子说："如果把你驮的谷物给我一袋，咱俩驮的袋数就相等。"请你算一下，它们各自驮了多少袋谷物？我们可以做一下假设。如果骡子给驴一袋，二者就相等，说明骡子驮的谷物是驴的 2 倍。刚才我们分析，骡子比驴多驮 2 袋，驴子再给它一袋，骡子比驴多$(2+1+1)=4$（袋），比驴子多 4 袋时，同时也是驴子的 2 倍。可见，这 4 袋谷物是驴子剩下谷物的 1 倍，所以我们可以通过计算得到所求的结果。驴子驮了多少袋：$(2+1+1) \div (2-1)+1=5$（袋）；骡子驮多少袋：$5+1+1=7$（袋）。

## 摩诃毗罗算题

摩诃毗罗是印度数学家（公元 9 世纪人），在其著作《计算方法纲要》一书中出过这样一题：有檬果若干，大王取 1/6，王后取余下的 1/5，3 个王子分别取前一人余下的 1/4、1/3、1/2，最后余下檬果 3 枚。求原来有檬果多少枚？

这道题可以由逆算的方法来算：①3 王子取前有多少枚？$3 \div (1-1/2)=6$（枚）；②2 王子取前有多少枚？$6 \div (1-1/3)=9$（枚）；③大王子取前有多少枚？$9 \div (1-1/4)=12$（枚）；④王后取前有多少枚？$12(1-1/5)=15$（枚）；⑤原来有多少檬果？$15 \div (1-1/6)=18$（枚）。所以，原来有檬果 18 枚，从 18 枚开始按比例算下去，可知每人取的都是 3 枚。

## 克拉维斯算题

意大利数学家克拉维斯于 1583 年在《实用算术概论》中设了这样一道题："父亲对儿子说：'做对一道题给 8 分，没做对每个题不但不给分还要扣去 5 分.' 做完 26 道题后，儿子得了 0 分，求儿子做对了几道题?"

这道题我们可以用两种不同的方法来解。第一种方法是列方程来解，设儿子做对了 $X$ 道题，按题意列方程如下：$8X-5（26-X）=0$，$13X=130$，所以 $X=10$，那么做错的题就是 $26-10=16$（题）。

另一种方法是假设法。如果 26 道题全做对了，应该得 $8×26=208$（分），这样每错一题就不是扣 5 分，而是 13 分，儿子得 0 分，做错的题数应是 $（208-0）÷13=16$（题），这样就求出做对的题数了，用算术式表达为：$（8×26-0）÷（8+5）=16$（题），$26-16=10$（题）。

## 阿尔昆算题

英国数学家阿尔昆在《益智题》一书中曾出过这样一道题：有男子、女子、儿童共 100 人，分 100 把谷物，若每个男子得 3 把，每个女子得 2 把，儿童 2 人得 1 把，谷物恰好能分完。求男子、女子、儿童各有多少人?

我们可以通过列三元一次方程组来解这题。设有男子 $X$ 人，女子 $Y$ 人，儿童 $Z$ 人。根据列出方程得：$X+Y+Z=100$ (1)，$3X+2Y+1/2Z=100$ (2)，(2) 式乘以 2 后减去 (1) 式得：$5X+3Y=100$，移项后求得：$Y=5/3（20-X）$。人数应该是正整数，筛选后，得出以下结果：$X$（男人）17，14，11，8，5，2；$Y$（女人）5，10，15，20，25，30；$Z$（儿童）78，76，74，72，70，68。

知识点

### 程大位和《算法统宗》

《算法统宗》全称《新编直指算法统宗》，是中国古代数学名著，程大位著。程大位（1533—1606 年），明代数学家，字汝思，号宾渠，休宁率口（今属屯溪区）人。少年时代就喜爱数学。20 岁左右随父经商，有感于筹算方法的不便，决心编撰一部简明实用的数学书以助世人之用。《算法统宗》就是他毕生心血的结晶。他搜罗了许多书籍，遍访名师，经过数十年的努力，公元 1592 年 60 岁的他终于写成了《直指

《算法统宗》一书。

《算法统宗》17卷，卷1、卷2介绍数学名词、大数、小数和度量衡单位以及珠算盘式图、珠算各种算法口诀等，并举例说明具体用法；卷3至卷12按"九章"次序列举各种应用题及解法；卷13到卷16为"难题"解法汇编；卷17"杂法"，为不能归入前面各类的算法，并列有14个纵横图。书后附录"算经源流"一篇，著录了北宋元丰七年（1084年）以来的数字书目51种。万历二十一年（1513年）刊行。

## ▶▶▶ 延伸阅读

### 考你几道计算题

1. 龟兔赛跑，全程5.2千米，兔子每小时跑20千米，乌龟每小时跑3千米，乌龟不停地跑，但兔子却边跑边玩，它先跑1分钟，然后玩15分钟，又跑2分钟，然后玩15分钟，再跑3分钟，然后玩15分钟……问先到达终点的比后到达终点的快几分钟？

2. 袋子里红球与白球数量之比是19∶13。放入若干只红球后，红球与白球数量之比变为5∶3；再放入若干只白球后，红球与白球数量之比变为13∶11。已知放入的红球比白球少80只，那么原先袋子里共有多少只球？

3. 某河有相距120千米的上下两个码头，每天定时有甲、乙两艘同样速度的客船从上、下两个码头同时相对开出。这天，从甲船上落下一个漂浮物，此物顺水漂浮而下，5分钟后，与甲船相距2千米，预计乙船出发几小时后，可与漂浮物相遇？

4. A、B、C三个油桶各盛油若干千克。第一次把A桶的一部分油倒入B、C两桶，使B、C两桶内的油分别增加到原来的2倍；第二次从B桶把油倒入C、A两桶，使C、A两桶内的油分别增加到第二次倒之前桶内油的2倍；第三次从C桶把油倒入A、B两桶，使A、B两桶内的油分别增加到第三次倒之前桶内油的2倍，这样，各桶的油都为16千克。问A、B、C三个油桶原来各有油多少千克？